Hur hantera ett problem som nästan
inte märks, som främst kommer att drabba
de som ännu ej är födda och som vi inte
med säkerhet vet om vi kan lösa?

Tore Persson

Klimatförändring
Vad handlar det egentligen om?

*Ett samhälle frodas när gamla män planterar träd
i vars skugga de vet att de aldrig får sitta*
(gammalt grekiskt ordspråk).

Andra böcker av författaren:

Tore Persson: *Taiping – När Jesu yngre bror skulle frälsa Kina* (2015).

Sara Lindblom & Tore Persson (red.): *Våra liv är inte bättre än de andras – Om sjöfarande kullabor under de seglande handelsfartygens sista epok*. Berättelser av Gunvor Svensson (2016).

Klimatförändring
Vad handlar det egentligen om?

© 2016 Tore Persson (www.torepersson.se)
Omslagsfoto: Thomas Johnsson
Satt med Indigo Antiqua
Förlag och tryck: BoD
ISBN 9789176991978

Till Eddie, tre år,
som genom sin blotta existens
motiverat denna bok.

INNEHÅLL

Vår tids ödesfråga? 9

Klimat eller bara väder? 15

Vad är växthuseffekten? 25

Blir det varmare? 35

Vad beror uppvärmningen på? 41

Om vi fortsätter som hittills...? 47

Vad kan vi göra? 55

Dystopi elle sr utopi? 67

BILAGOR
Kan man lita på vetenskapen? 75

Källkritik – kan man lita på det man ser, hör och läser? 83

Lästips 91

Register med ordförklaringar 93

Vår tids ödesfråga?

Vad skulle kunna hända om vi inte förmår göra tillräckligt för att begränsa ökningen av växthusgaser i atmosfären och den globala medeltemperaturen före århundradets slut blir fem, sex grader varmare eller mer, så som "klimat-alarmisterna" befarar kan ska? Kanske kommer vi – eller snarare våra barnbarn – att få ta hand om en värld som bland annat drabbats av:

Att glaciärerna i Himalaya och andra bergskedjor till stora delar har smält bort, vilket i sin tur lett till att vattenflödet i ett antal stora floder mer än halverats under de varma sommarmånaderna i bland annat centrala Kina och norra Indien. Detta har lett till flyktingströmmar som får de kring 2015–16 att te sig som små rännilar.

Att länderna kring Medelhavet, och flera andra områden, har blivit så varma och torra att de är på väg att bli halvöknar. Hettan och vattenbristen har också där skapat strömmar av klimatflyktingar som sätter allt större press på allt slags internationellt samarbete.

Att människor även måste fly från många kuststäder och öar eftersom havsytan höjts med mer än en meter och fortsätter att stiga i allt snabbare takt som följd av att Grönlands isar smälter och Västantarktiska isen glider allt längre ut i havet.

Att områdena längst i norr, vid Arktis, har värmts upp mer än övriga jorden och att metan frigörs i allt större mängder, dels från den sibiriska tundran, dels från havsbotten – vilket ytterligare förvärrar uppvärmningen. Halten av metan ökar snabbt i atmosfären och en accelererande värmeökning tycks vara oundviklig.

VÅR TIDS ÖDESFRÅGA?

Att regnskogarna i Amazonas och på andra håll är på väg att helt försvinna på grund av den torka som drabbat många skogar när atmosfären blivit allt varmare.

En sannolik hotbild?

Är detta vad våra barnbarn har att se fram mot? Förhoppningsvis inte – men det förutsätter att vi som lever nu lyckas stoppa den globala uppvärmningen av klimatet i tid.

Det internationella samarbetet för att begränsa utsläppen av växthusgaser i atmosfären har pågått sedan slutet av åttiotalet, men har hittills knappast gett några imponerande resultat. Med mötet i Paris hösten 2015 kan förutsättningarna för effektiva åtgärder – möjligen – ha blivit något bättre. Men det lär inte räcka.

För att stoppa uppvärmningen krävs ett långsiktigt och uthålligt arbete. Det finns då en risk att andra problem, som förefaller mer akuta, ska dra intresset från klimatfrågan. Det kan handla om arbetslöshet, terroraktioner, inbördeskrig och flyktingkatastrofer – som för många kan kännas som allvarligare hot än en långsam global uppvärmning. Ett annat hot är populister som lockar med enkla lösningar...

Dessutom finns det fortfarande de som förnekar att det över huvud taget skulle finnas något klimathot...

Vem kan man lita på?

Om nu vissa påstår att vi är utsatta för en hotande klimatförändring, som kan få oöverskådliga effekter, medan andra säger att det hela är överdrivet eller till och med en bluff, då inställer sig en oundviklig fråga: Vem kan man lita på? Vågar man exempelvis lita på "vetenskapen"?

Det gäller att ha klart för sig vad som menas med vetenskap. Det är inte någon en gång för alltid fastlagd kunskapsmassa utan en ständigt pågående process, ett vetenskapande, genom

VÅR TIDS ÖDESFRÅGA?

vilken de kunskaper vi har hela tiden kompletteras och nyanseras med nya upptäckter, nya observationer, mer avancerade experiment, fördjupade analyser, smartare modeller, tidigare okända frågor etc. Detta sker med vad som brukar kallas *vetenskapliga metoder*. Det handlar om olika metoder, som till exempel att utifrån en hypotes dra logiska slutsatser, som sedan kan testas genom observationer, eller att man utifrån observationer drar slutsatser och utformar en teori.

Men, oavsett hur man har kommit fram till sina resultat, är det centrala att man förklarar resultaten och de metoder som använts på ett sätt som går att kontrollera och upprepa av andra. Observationer, experiment, upptäckter, metoder, hypoteser etc ska redovisas så att andra kan granska dem, bedöma rimligheten i antaganden, analyser och slutsatser samt även kunna reproducera observationer, experiment och tester.

Om detta inte redovisas är det läge att vara ytterst misstänksam (se vidare bilagan *Kan man lita på vetenskapen?* s. 75).

En ny situation

Vad "klimat-förnekare" ofta påpekar är att jorden har upplevt åtskilliga klimatförändringar, även under människans relativt sett korta historia. Det är sant, det räcker med att erinra sig den istid som upphörde för runt tio tusen år sedan.

Klimatförändringar är således inget nytt under solen. Däremot finns det annat som har tillkommit:

Utöver alla naturliga faktorer som kan bidra till klimatförändringar har vi idag de omfattande utsläppen av främst koldioxid som följd av förbränningen av fossila bränslen (kol, olja, naturgas). Exakt hur stor dess påverkan på klimatet är, jämfört med andra faktorer, vet vi inte – men att tro att den skulle vara lika med noll är bara dumt.

Aldrig förr har en så stor del av jordens yta omformats och påverkats av människans ingrepp. Det gäller alla slags odlingar,

VÅR TIDS ÖDESFRÅGA?

som bland annat sker på skogarnas bekostnad, liksom all annan avverkning av skog. Det gäller också kraftverksdammar, megastäder och andra anläggningar.

Och aldrig förr har så många människor samtidigt funnits på vår jord. Till exempel är hundratals miljoner beroende av vatten från smältande bergsglaciärer – vilka krymper i en oroväckande hastighet och av vilka många helt kan försvinna under detta århundrade.

När den senaste istiden tog slut fylldes haven på med vatten från den smältande inlandsisen. Men de få människor som då levde på låglänta marker hade gott om tid att flytta till högre belägna jaktmarker utan att behöva trängas med andra. Men var ska de människor ta vägen som i vår tid lever i områden som kan komma att svämmas över av stigande hav eller riskerar att torka ut och förvandlas till halvöknar?

Hur stor risken är för att detta ska ske, eller hur snabbt det kan ske, vet vi inte. Därför måste man göra en riskbedömning:

Vad kan hända om vi väljer att tro på klimat-alarmisterna och agerar kraftfullt för att varje år minska förbränningen av fossila bränslen – och det senare visar sig att dessa alarmister grovt överskattat riskerna?

Vad kan hända om vi väljer att tro på klimat-förnekarna och fortsätter använda fossila bränslen så länge som de är ekonomiskt lönsamma – och det senare visar sig att dessa förnekare grovt underskattat riskerna?

Dessutom måste vi vara medvetna om att klimatförändringen idag visserligen går så långsamt att den för oss människor knappt märks från ett år till ett annat – men i ett jordiskt perspektiv är det ändå fråga om en snabb förändring. Därtill kan denna förändring nå en punkt – en så kallad tipping point eller brytpunkt – då den globala uppvärmningen kan komma att plötsligt accelerera.

VÅR TIDS ÖDESFRÅGA?

Vad handlar det om?

Kan jordens klimat förändras så drastiskt att det kan komma att i grunden påverka livsbetingelserna på vår planet? Är denna globala uppvärmning dessutom något som främst orsakas av människans förbränning av fossila bränslen?

För att kunna bedöma dessa frågor får man börja med att sätta sig in i vad det handlar om:

- Vad påverkar jordens klimatsystem? Hur kan man skilja på tillfälliga variationer av temperatur, nederbörd etc – som kan vara stora – och långvariga förändringar, som kanske knappt är märkbara?
- Vad menas med växthusgaser och växthuseffekten?
- Blir det varmare och vad beror det i så fall på? Och är det så farligt med några grader varmare klimat? Vad skulle egentligen kunna hända om vi inte gör något?
- Om det nu är så allvarligt, vad kan vi göra – och vad bör vi göra?

Klimat eller bara väder?

Under kyliga och regniga augusti-dagar i Sverige kan det vara svårt att tro att klimatet håller på att bli varmare. Det känns snarare som det gamla vanliga sommarvädret på våra opålitliga breddgrader. Men väder är inte detsamma som klimat.

Väder är en beskrivning av atmosfärens egenskaper i ett visst område och vid en viss tidpunkt: temperatur, nederbörd, molnighet, vindar m.m. Enstaka dagar med till exempel extrem vind resulterar i dramatiska väderrapporter.

Klimat är en beskrivning av hur vädret under långa perioder i genomsnitt brukar vara i ett visst område samt hur mycket temperatur med mera. i genomsnitt brukar variera mellan årstider-na. Klimatbeskrivningar påverkas inte av enstaka avvikelser från det normala – oavsett hur stora avvikelserna än är.

Enstaka orkaner eller andra extrema väderförhållanden är inte tecken på att klimatet förändras. En ovanligt kall och regnig sommar, eller en extremt varm vinter, säger ingenting om klimatet i stort. Det är först när avvikelserna från det normala under en längre period blir så många att de blir det "normala" som man kan påstå att klimatet förändrats.

När det dessutom handlar om det genomsnittliga klimatet på jorden kan det rymma regionala och lokala variationer. Klimatet i enstaka områden kan till exempel bli både kallare och varmare över en längre period medan det genomsnittliga klimatet på jorden är stabilt eller förändras i någon annan riktning.

KLIMAT ELLER BARA VÄDER?

Därav följer att varken vädret eller klimatet i ett visst område, som exempelvis Sverige, säger något bestämt om eventuella globala klimatförändringar.

Historiska klimatförändringar

Det har varit många klimatförändringar i jordens historia, till exempel följande:

- För 750 till 580 miljoner år sedan inträffade jordens kanske kallaste period någonsin. Under en del av denna tid tycks hela planeten ha varit täckt av is och snö.

- För ca 65 miljoner år sedan träffades området där Mexico idag ligger av en asteroid, som beräknas ha varit ca 10 km i diameter. Det nedslaget ledde till att dinosaurierna dog ut liksom alla andra landlevande djur som inte var så små att de kunde överleva hettan i hålor och gångar i marken (vattenlevande djur klarade sig bättre). Nedslaget orsakade en snabb och kraftig uppvärmning av atmosfären. Dessutom blockerades solljuset av stoft från nedslaget plus sot från stora skogsbränder över hela världen, vilket i sin tur ledde till att växternas fotosyntes upphörde under flera månader, kanske år.

- För ca 55 miljoner år sedan skedde en uppvärmning av atmosfären och haven med flera grader, vilket ledde till en massiv utdöd under tjugo tusen år av en mängd organismer i havet. Orsaken var förmodligen ett frigörande av metan ur havsbotten, vilket kan ha orsakats av jordbävningar i havet.

- De senaste årmiljonerna har jorden skiftat mellan istider och varmare perioder, vilket i första hand berott på regelbundna förändringar av jordens bana runt solen, vilket i sin tur påverkat mängden solstrålning som nått jorden.

Under de varmare perioderna mellan istiderna har det varit några värmetoppar, bland annat under den så kallade Eemianperioden för ca 125 000 år sedan, då medeltemperaturen kan ha varit några grader varmare än idag och då havsnivån kan ha legat ungefär fem meter högre.

Då den senaste inlandsisarna var som störst, för ca tjugo tusen år sedan, var så mycket vatten bundet i isarna att havsytan låg mer än hundra meter under dagens nivå. Kustlinjerna gick därför långt utanför nuvarande kuster och man kunde till och med vandra mellan Asien och Nordamerika via en landbrygga i Berings sund. När inlandsisarna smälte höjdes följaktligen havsnivån. Följden blev bland annat att många av de tidigaste mänskliga bosättningarna kom att täckas av hav och att de därmed blivit oåtkomliga för arkeologer.

Under de senaste tio tusen åren, efter den senaste istiden, har klimatet varit mer stabilt. Det har fortfarande varierat, men förändringarna har varit mindre dramatiska med variationer av jordens medeltemperatur på bara någon grad upp eller ned (lokalt och regionalt kan det däremot ha varit större variationer). Men även sådana små variationer har fått stora konsekvenser.

Vikingatiden var till exempel ungefär lika varm som idag eller kanske lite varmare – i alla fall i Europa och i norra Atlanten. Det var då Grönland koloniserades av nybyggare från Island, som kallade det nya landet *Grönland* för att locka till sig fler nybyggare – trots att det området även då mer gjorde skäl för beteckningen *island* än kolonisternas fädernesland. Men medan nordliga Europa gynnades av denna relativt sett varmare period, gick det sämre för Mellanöstern som drabbades av svår torka under 900- och 1000-talen. Den ledde till en ekonomisk tillbakagång, till social oro, uppror, förföljelser av minoriteter, sekteristiskt våld, flyktingströmmar etc (även idag, på 2010-talet, har till exempel Syrien drabbats av svår torka...).

Vikingatidens mildare klimat kom att följas av en kallare period på flera hundra år, den så kallade *Lilla istiden* från mitten av 1300-talet till mitten av 1800-talet. Då kan medel-

KLIMAT ELLER BARA VÄDER?

temperaturen ha varit som mest ungefär en grad kallare än under 1900-talet, men det förekom lokala och regionala variationer. Det var då som de isländska bosättningarna på Grönland försvann. Det var också under den perioden som Karl X med sin armé år 1658 kunde marschera på isen över Stora och Lilla Bält och invadera Danmark.

Lilla istiden var för övrigt inte bara ett europeiskt fenomen. Till exempel drabbades Kina av ett antal ovanligt bistra år i början av 1600-talet, vilka kan ha bidragit till Ming-dynastins kollaps (i det gamla Kina tolkades ihållande dåligt väder och naturkatastrofer gärna som Himlens missnöje med kejsaren och att det var dags för ett byte av det himmelska mandatet, det vill säga byte till en ny kejsardynasti).

Detta är bara några få exempel på kända klimatförändringar. En global klimatförändring idag riskerar emellertid att för människan få helt andra konsekvenser än tidigare förändringar – helt enkelt för att aldrig förr har vi varit så många på jorden. Aldrig förr har så många varit så beroende av exempelvis smältvattnet från glaciärer. Aldrig förr har så stor del av jordens naturresurser använts för att försörja människor, antingen det gällt bröd för dagen eller mobiltelefoner.

Och aldrig förr har så många människor haft möjligheten att resa så långt som idag. Åren 1876-79 drabbades fem nordliga provinser i Kina av en långvarig torka. Av 70-100 miljoner drabbade svalt mellan nio och tretton miljoner ihjäl. De hungrande på landsbygden sökte räddning genom att ta sig till de närmaste städerna – men längre än så sträckte sig inte de direkta följderna av den torkan. Idag får sådana katastrofer följdverkningar i långt större områden.

Vad påverkar klimatet?

Klimatet är ett komplicerat system, som människan ännu inte helt förstår sig på – men en del faktorer känner vi till. Vissa,

KLIMAT ELLER BARA VÄDER?

som nedfallande himlakroppar, är snabba händelser medan andra, som kontinenternas vandringar, är bland det mest långsamma vi känner till på jorden.

Stora asteroidnedslag är exempel på en både plötslig och kraftig påverkan. Ett nedslag i sig får kanske bara en direkt lokal påverkan, men följdverkningarna kan spridas globalt, i form av partiklar, aska och rök som kan stanna kvar i atmosfären under lång tid, spridas över hela jorden och skapa långvariga globala "skymningar".

Vulkanutbrott är andra dramatiska händelser som – om de är tillräckligt kraftfulla – kan påverka klimatet, i alla fall för en tid. De kan också skapa "skymningar", men om de ska få global påverkan måste de vara betydligt större än de vi har upplevt i historisk tid. Ett sådant vulkanutbrott kan ha inträffat för ca 250 miljoner år sedan och var kanske den avgörande orsaken till att nästan alla dåvarande arter dog ut (men orsaken kan också ha varit något annat, som till exempel en kollision med en annan himlakropp).

En annan vulkan, Toba på ön Sumatra, fick ett superutbrott för ca sjuttio tusen år sedan. Det kan eventuellt ha lett till döden för flertalet av de människor som då fanns.

Det finns idag ett mindre antal så kallade supervulkaner, vilka potentiellt kan orsaka större katastrofer än något annat fenomen på jorden. Ett utbrott av en supervulkan, som till exempel Yellowstone-vulkanen i USA, skulle påverka det globala klimatet mycket drastiskt och kan i värsta fall ödelägga hela den kontinent där utbrottet sker. Men sådana utbrott är synnerligen sällsynta.

Kontinentalplattornas förskjutningar i förhållande till varandra påverkar också klimatet; de förändrar förhållandet mellan hav och fastland, havsströmmar etc. Men det är fråga om ytterst långsamma förändringar. Den eurasiska kontinentalplattan (Europa och Asien) och den Nordamerikanska glider exempelvis isär med ca fem centimeter per år. Sprickan, Mittatlantiska

KLIMAT ELLER BARA VÄDER?

spridningsryggen, går ungefär mitt i Atlanten och tvärs genom Island. För ca sjuttio miljoner år sedan kolliderade den indoaustraliska kontinentalplattan med den eurasiska. Där plattorna möttes pressades de uppåt och bildade den bergskedja som vi idag kallar Himalaya och som kom att förändra landmassans klimat i det inre av Asien. De varma och fuktiga vindarna från söder hejdades av bergmassivet och området norr därom hamnade i regnskugga. Som följd bildades öknar i det inre av Asien. Erosionen genom sol och vind av dessa torra områden skapar ett lätt stoft som varje vår förs med av kraftiga vindar från nordväst ut mot havet i öster.

På vägen mot havet tappar dessa vindar lite av farten när de möter en mindre nord-sydlig bergskedja, som ligger väster om dagens Beijing. När vindarna tappar farten faller merparten av stoftet ner över det lägre området väster om den bergskedjan. Genom detta årliga nedfall av fint stoft har ett allt tjockare lager av lös jord bildats, det som kallas lössjord. Dessa lätta jordar med finfördelad mylla är bördiga och lättarbetade – även med primitiva träkäppar, människans första jordbruksredskap – och det är där som den kinesiska civilisationen växte fram. Dessutom fylls myllan på varje vår med dammiga vindar från det inre av Asien, vilket gjort det möjligt att fortsätta odla år efter år utan att jorden behövt vila.

Bildandet av Himalaya kom således att påverka klimatet i en stor del av inre Asien och därmed skapa förutsättningar för det jordbruk och den civilisation som långt senare skulle utvecklas runt Gula floden.

Solen

Den enskilda faktor som har störst betydelse för klimatet är *solen*; man kan till och med säga att utan sol inget klimat alls. Mängden solljus som når jorden är i stort konstant och är en direkt följd av jordens avstånd från solen. Men mindre variationer förekommer, beroende bland annat på hur mycket ljus som solen sänder ut. Detta varierar lite och har att göra med aktiviteterna på solens yta, som bland annat märks i form av så kallade solfläckar. Solfläckar är kallare områden på solen, men när de uppträder, eller blir större, är det ett tecken på att solen i helhet blivit lite varmare och därmed avger lite mer strålning.

Dessutom påverkas klimatet av de så kallade Milankovic-cyklerna, som innebär att jordens avstånd och lutning i förhållande till solen varierar enligt vissa tidsperioder. Variationerna av dessa cykler stämmer med de istider jorden haft under senaste miljonen år – men de kan inte förklara dagens klimatförändring. De tre Milankovic-cyklerna styrs av olika långa perioder och samverkar med varandra på ett intrikat sätt:

1) *Jordens bana* varierar, vilket påverkar hur mycket solljus som når jorden under olika årstider. För närvarande är jordens bana bara lätt elliptisk, det vill säga avståndet till solen är i stort detsamma över hela året. Men under andra perioder kan jordens bana vara mer elliptisk, så att jorden befinner sig närmare solen under en del av året och längre bort under en annan del. Detta förhållande varierar i perioder på bortåt hundra tusen år.

2) *Jordaxelns lutning* påverkar solstrålningens intensitet på olika breddgrader. Lutningen varierar i perioder på drygt fyrtio tusen år mellan 22° och 24,5°. Lutningen påverkar inte den totala mängden solljus som årligen träffar jordytan, men den får betydelse för årstidernas växlingar på skilda breddgrader.

3) *Jordaxelns riktning*, det vill säga åt vilket håll den lutar, varierar i perioder på drygt tjugofem tusen år.

Det finns även *andra fenomen* som utgör delar av klimatsystemet och tillfälligtvis kan påverka klimatet i stora delar av världen. Den förmodligen mest kända är El Niño (pojken) och den mindre kända La Niña (flickan). Det är två kraftfulla väderfenomen som regelbundet, vart fjärde till sjunde år, uppträder i Stilla Havet och som påverkar stora delar av världen. El Niño åstadkommer en mindre uppgång av jordens medeltemperatur medan La Niña leder till en liten nedgång. Dessa väderfenomen kan också störa de årliga monsunvindarna, som till exempel norra Kina är beroende av för att få tillräckligt med regn under sommarhalvåret.

Atmosfären

Sammansättningen av jordens *atmosfär* är en annan faktor. Den består framför allt av syre och kväve men också av vattenånga, koldioxid och ett antal andra gaser och partiklar i små mängder. Atmosfärens molnighet påverkar mängden solljus som når jordytan. Molnfria sommardagar är vanligen varmare än molniga. Men moln är också ett hinder för värmestrålningen från jorden ut mot rymden, det är därför som molnfria nätter normalt är kallare än molniga.

En del av atmosfärens innehåll är luftföroreningar från industrier, motortrafik etc. Lokalt kan dessa föroreningar vara synnerligen påtagliga och besvärande – men om de får en global effekt eller ej beror på hur långlivade de är i atmosfären. Rökgaser, aska, damm och dylikt kan skapa stora problem, men eftersom de vanligen faller ner till marken ganska nära upphovsplatsen får de normalt bara en lokal eller regional påverkan.

Vulkanutbrott kan kasta upp aska på höga höjder, långt högre än de högsta skorstenar, och då kan aska och gaser spridas över större områden – men sådana utsläpp får vanligen inte heller någon global påverkan om det inte är fråga om riktigt stora vulkanutbrott. Ett exempel var ett utbrott 1991 av den filippinska vulkanen Pinatubo. Då släpptes ut så stora mängder svaveldioxid att solstrålningen för en tid påverkades över stora delar av jorden. Den globala medeltemperaturen sjönk med 1-2 grader under ett par år innan svaveldioxiden försvunnit.

Om mer långlivade gaser släpps ut i atmosfären blandas de ut av atmosfärens turbulenser och vi får en global effekt. En sådan långlivad gas är till exempel *koldioxid*. Vi har anledning att vara mycket tacksamma för att vi har koldioxid i atmosfären. Det är tack vare den och några andra gaser som vi har ett i det stora hela behagligt klimat på jorden. Utan dem skulle vi ha ständiga minusgrader. Det är de så kallade *växthusgaserna*. Men det kan bli för mycket av det goda...

Vad är växthuseffekten?

Koldioxid är en förutsättning för det liv som frodas på vår jord och är en nödvändig del i fotosyntesen. Gasen tas upp av gröna växter som istället avger syre, som andas in av människor och djur. Men koldioxid har fler egenskaper. I atmosfären fungerar den så att den reflekterar tillbaka en del av den värme som strålar ut från jordytan mot rymden. Den håller alltså kvar värme på jorden och ger därför ungefär samma effekt som glaset i ett växthus. Det finns fler gaser i atmosfären som har samma påverkan som koldioxid och som därför kallas växthusgaser.

Om vi inte hade haft någon atmosfär – eller en atmosfär utan växthusgaser – hade lika mycket värme försvunnit ut i rymden som den vi mottar från solen. Då hade jordens medeltemperatur varit betydligt kallare än den är (åtskilliga minusgrader istället för ca +15 grader Celsius). Hade vi haft en lägre halt av växthusgaser hade vi haft en kallare medeltemperatur; en högre halt hade gett ett varmare klimat.

En annan växthusgas är metan, som inte är lika vanlig som koldioxid, och inte heller lika långlivad, men å andra sidan är kraftfullare som växthusgas. Ytterligare en kraftfull växthusgas är dikväveoxid eller lustgas. Men koldioxid är, förutom vattenånga, den vanligaste och den mest långlivade och kan stanna kvar i atmosfären i hundratals år. Alla växthusgaser är för övrigt tillräckligt långlivade i atmosfären för att spridas över hela jorden oavsett var de uppstår eller produceras.

Gaserna koldioxid, metan och dikväveoxid finns naturligt i atmosfären, men de tillförs också genom mänskliga aktiviteter.

VAD ÄR VÄXTHUSEFFEKTEN?

Koldioxid släpps framför allt ut genom förbränning av fossila bränslen (kol, olja och naturgas) men också genom att man till exempel eldar upp skog. Metan släpps ut från avfallshögar, risodlingar och idisslande boskap. Människan bidrar till dikväveoxid i atmosfären främst genom kvävegödsling av jordbruksmark och genom förbränning, men också genom att man inom sjukvården använder sig av gasen, under beteckningen lustgas.

Därutöver finns ett antal andra gaser i mindre mängder som inte är naturliga och som också fungerar som växthusgaser, till exempel en del av dem som också bryter ned ozonskiktet i stratosfären (där finns ett tunt skikt av gasen ozon, som förhindrar en stor del av den farliga ultravioletta strålningen, UV, från solen att nå ner till jordytan). Dessa gaser släpps ut vid vissa industriella processer, genom läckage från kyl- och frysanläggningar etc. De har stark växthuseffekt, de kan vara mycket långlivade i atmosfären och de ingår inte i något naturligt kretslopp. Koldioxid ingår däremot i ett kretslopp som tar hand om en stor del av det tillskott i atmosfären som orsakas av människan – men det kretsloppet räcker inte till för att ta hand om all ny koldioxid som släpps ut idag.

Vattenånga har svag växthusgaseffekt men förekommer desto rikligare. Vattenångan har skiftande egenskaper beroende på hur och var den finns. Om atmosfären blir varmare avdunstar mer vatten i form av ånga från öppna vattenytor och från växtlighet – och den ångan fungerar som en växthusgas och förstärker uppvärmningen. Vattenånga i form av moln på högre höjder hindrar däremot solstrålningen att nå jorden och fungerar därför avkylande, medan moln på natten hindrar värmestrålning att lämna jorden.

En ökning av koldioxidhalten i atmosfären leder till att atmosfärens medeltemperatur stiger. Detta är man överens om. Men ett högre utsläpp av koldioxid leder även till andra effekter som i sin tur påverkar temperaturen i någon riktning, så

VAD ÄR VÄXTHUSEFFEKTEN?

kallade återkopplingar. Och om de samlade effekterna av de olika återkopplingarna rådet det en hel del osäkerhet.

Återkopplingar

Det finns således att antal förstärkande eller försvagande effekter på jordytan eller i jordens atmosfär. Om atmosfären av någon anledning blir varmare och det i sin tur påverkar en process som förstärker uppvärmningen har vi en positiv återkoppling. Om processen istället försvagar uppvärmningen får vi en negativ återkoppling. Det finns ett antal kända återkopplingar vad gäller atmosfärens temperatur – och kanske finns det också några okända.

En sådan känd faktor är *albedo-effekten* vilket är jordytans förmåga att reflektera solljus. Vit snö och is reflekterar en stor del av det infallande solljuset, medan mörkt hav och mörk mark istället värms upp mer av den infallande solstrålningen. Om isen vid Nordpolen försvinner på grund av att atmosfären blir varmare kommer det öppna och mörkare havet att suga åt sig mer värme från solen och därmed förstärka uppvärmningen. Vi får en positiv återkoppling.

Om å andra sidan en uppvärmning ökar molnbildningen, kommer molnen under dagtid att skärma av en del av solstrålningen och uppvärmningen motverkas. Vi får en negativ återkoppling.

Klimatkänsligheten

Summan av koldioxidens direkt uppvärmande effekt och effekterna av de olika återkopplingarna är den så kallade klimatkänsligheten. Det är ett mått på hur klimatet reagerar på en viss mängd koldioxid, definierat som den genomsnittliga långsiktiga uppvärmningen vid markytan som följd av en fördubbling av koldioxidhalten i atmosfären. Eftersom man inte känner till alla återkopplingar eller hur de exakt fungerar råder

VAD ÄR VÄXTHUSEFFEKTEN?

osäkerhet om hur stor klimatkänsligheten är. Enligt Förenta Nationernas klimatpanel, IPCC (Intergovernmental Panel of Climate Change), ligger den sannolikt på mellan 1,5 och 4,5 grader Celsius.

Osäkerheten om hur starkt en ökning av mängden koldioxid i atmosfären påverkar klimatet beror alltså främst på hur man bedömer återkopplingarna, såsom:

- När mängden koldioxid ökar i atmosfären bör det, förutsatt att det inte blir torrare, bli lite rikligare växtlighet, som i sin tur binder mer av atmosfärens koldioxid. Men hur mycket? Eller blir det så mycket torrare att den totala växtligheten kan komma att bli mindre än idag?
- Havens förmåga att absorbera och binda koldioxid från atmosfären försvagas när de blir varmare. Det skulle innebära att koldioxidhalten i atmosfären ökar utan att någon annan förändring sker, men hur stark är denna effekt?
- Varmare klimat leder till större avdunstning och ökad halt av vattenånga i atmosfären, varvid växthuseffekten förstärks eftersom vattenånga fungerar som en växthusgas. Men hur stor blir denna effekt?
- En del av den ökande avdunstningen kan leda till att det bildas fler moln, men hur dessa påverkar klimatet är osäkert och beror bland annat på vid vilka höjder molnen bildas.

Om klimatkänsligheten har värdet 3, då innebär en fördubbling av koldioxidhalten en temperatur-ökning med i genomsnitt tre grader. Med en lägre känslighet blir det inte lika varmt; med en högre känslighet blir det varmare än tre grader. Men fortfarande blir det varmare ju mer växthusgaser som släpps ut. Är klimatkänsligheten låg tar det längre tid för atmosfären att nå en viss medeltemperatur – men den kommer ändå att så småningom bli så varm så länge som växthusgaserna fortsätter att öka och så länge som alla andra faktorer är oförändrade.

VAD ÄR VÄXTHUSEFFEKTEN?

Tipping points

En speciell effekt är när en mindre förändring når någon slags brytpunkt, en så kallad tipping point. Det handlar om mekanismer där en liten förändring av något slag kan orsaka en stor förändring av annat slag, så stor att ett helt system kan tippa över.

En tipping point kan liknas vid en gungbräda, på vilken två personer sitter, en tyngre och en lättare. Om båda sitter lika långt från brädans balanspunkt kommer den tyngre personen att sitta vid marken medan den lättare sitter högt över marken på den andra ändan av gungbrädan. Om den lättare personen sakta, bit för bit, flyttar sig bakåt på brädan händer ingenting – förrän han når den punkt där brädan tippar över så att den tyngre plötsligt hamnar uppe i luften. Den sista lilla förändringen får hela systemet att tippa över.

Problemet – det stora problemet – i en sådan situation är att veta hur långt det är till *den sista lilla förändringen*. Om man fortsätter liknelsen med gungbrädan kan en utomstående observatör som ser gungbrädan med de två personerna inte veta om den lättare personen behöver röra sig ytterligare någon decimeter för att brädan ska tippa över – eller om det räcker med bara en millimeter.

En potentiell tipping point är de lager av kol i form av metanhydrater som finns bundna i permafrosten, den ständiga tjälen, i norra Sibirien och i havsbotten i Arktis. Om dessa frusna lager tinas och metanet frigörs till atmosfären kan vi få en mycket snabb och accelererande uppvärmning eftersom metan är en mycket kraftfull växthusgas.

En annan potentiell tipping point som det spekuleras kring är om en gradvis avsmältning av inlandsisarna på Grönland skulle kunna få Golfströmmen att stanna av och därmed orsaka ett kallare klimat i nordvästra Europa. När Grönlands isar smälter rinner smältvattnet ut i norra Atlanten, bland annat sydost om Grönland där Golfströmmen för med sig uppvärmt vatten till havet utanför Norge och därmed skänker hela Skandinavien ett betydligt mildare klimat än vad områden på samma breddgrader har i Kanada och Ryssland.

Grunden för att Golfströmmen ska fortsätta fungera som en värmegenerator för nordligaste Västeuropa är att dess vattenmängder sjunker ner i havet när de har nått ishavet och sedan förs tillbaka söderut i en djup ström som går under Golfströmmen, för att långt i söder stiga upp mot ytan och värmas upp för att sedan återgå i kretsloppet tillbaka till norra Atlanten. Vad som bland annat påverkar vattnets förmåga att sjunka vid kretsloppets norra ände är dess jämförelsevis höga salthalt. Men om Golfströmmen får ta emot alltmer sötvatten från de smältande isarna på Grönland minskar dess salthalt och därmed dess vikt och risken ökar för att kretsloppet ska försvagas och i förlängningen kanske helt stanna av.

Stora ismassor, som Grönlands, smälter långsamt. Men Västantarktiska isen, som är en del av Antarktis, utgör också en möjlig tipping point. Den vilar på havsbotten och själva basen för ismassan påverkas av havets temperaturväxlingar. Med varmare hav kan ismassan komma att förlora "fotfästet" och glida ut i havet och orsaka en höjning av havsnivån med upp till ca fem meter.

Sambandet koldioxid – temperatur

När man med hjälp av borrkärnor från gammal inlandsis tittar på sambandet mellan koldioxid och temperatur bakåt i historien ser man att koldioxidhöjningar brukar föregås av temperaturhöjningar. Detta har framförts av klimat-förnekare som ett bevis på att det inte är högre halter av koldioxid som leder till högre temperaturer utan tvärtom.

Tidigare temperaturhöjningar tycks således ha startats av någon annan orsak än en höjning av koldioxidhalten i atmosfä-

VAD ÄR VÄXTHUSEFFEKTEN?

ren. Förmodligen har det handlat om en ändring i solstrålningens intensitet, som gradvis lett till en uppvärmning av atmosfären och havsvattnet, vilket bland annat lett till att havens förmåga att absorbera och lagra koldioxid har minskat (när havsvattnet istället blir kallare ökar förmågan att absorbera koldioxid). Därmed har atmosfären fått ett ökat tillskott av koldioxid, som i sin tur förstärkt uppvärmningen. Eventuellt kan fler återkopplingar ha ökat på koldioxid-halten.

Grundorsaken till uppvärmningen var i dessa fall således sannolikt en ändring i solstrålningen, medan den högre koldioxidhalten fungerade som en positiv återkoppling som förstärkte uppvärmningen än mer. Efter ett tag (vanligen tusentals år) har uppvärmningen ändå avstannat och gått tillbaka – antagligen på grund av att solstrålningen avtagit. I annat fall, om uppvärmningen fortsatt, skulle vi idag ha haft ett klimat som snarare skulle ha liknat Venus hetta än något annat.

Den klimatförändring vi ser idag skiljer sig däremot från tidigare. Anledningen är att det numera inte bara finns naturliga faktorer som påverkar klimatet utan även mänskliga aktiviteter, så kallade antropogena effekter. Det finns idag ingen annan känd förklaring till nutidens klimatförändring än utsläppen av koldioxid, metan etc från förbränningen av fossila bränslen (kol, olja, naturgas) och andra mänskliga aktiviteter. Dessa utsläpp har lett till en uppvärmning av atmosfären, som i sin tur värmt upp haven, vilket – som vid tidigare uppvärmningar – leder till att havens upptagningsförmåga av koldioxid minskar. Därmed förstärks uppvärmningen. En ökad halt av koldioxid i atmosfären är således både en grundorsak och en bidragande orsak till dagens uppvärmning.

Detta utesluter inte att det också kan finnas andra orsaker. Men vi vet att ökade halter av växthusgaser leder till en uppvärmning av atmosfären. Vi vet också att mängden växthus-

VAD ÄR VÄXTHUSEFFEKTEN?

gaser har ökat markant sedan industrialiseringens början och att ökningen fortsätter.

Den vetenskapliga bakgrunden

Den vetenskapliga historien om klimatförändringar är nästan tvåhundra år gammal. Redan 1824 upptäckte fransmannen Joseph Fourier att atmosfären lättare släpper igenom synligt ljus från solen än osynlig värmestrålning från jorden. Han drog därmed slutsatsen att jordytan är varmare än den skulle ha varit utan någon atmosfär. År 1859 upptäckte irländaren John Tyndall att det framför all är vattenånga och koldioxid som hindrar en del av värmestrålningen från jorden att försvinna ut i rymden.

Den svenske nobelpristagaren Svante Arrhenius försökte 1896 beräkna hur mycket varmare atmosfären kan bli vid en fördubbling av koldioxidhalten. Han liknade för övrigt effekten vid en drivbänk; det lär ha varit amerikanen Robert W. Wood som 1909 för första gången gjorde liknelsen med ett växthus. Därefter har forskare gjort ett antal insatser och även försökt övertyga politiska ledare om allvaret.

Lyndon B. Johnson, USA:s president 1963–69, var en av dem som på sextiotalet oroades av vad som kommit fram – men han hade förmodligen fullt upp med andra brännande frågor, såsom Vietnam-kriget, för att på allvar engagera sig… En annan som oroade sig var Olof Palme, som i en intervju för Svenska Dagbladet 1974 sa att ett förändrat klimat utgjorde det största hotet för mänskligheten.

En central roll hade professor Bert Bolin, som var en av grundarna av Förenta Nationernas vetenskapliga klimatpanel IPCC (Intergovernmental Panel on Climate Change) och blev dess förste ordförande. Redan 1979 publicerade han boken *Vad gör vi med klimatet?*

VAD ÄR VÄXTHUSEFFEKTEN?

Den första sammanställningen över aktuell klimatforskning blev den amerikanska Charney-rapporten 1979. Redan då tycks majoriteten av klimatforskare ha varit överens om själva grundproblemet, det vill säga att de mänskliga utsläppen av koldioxid leder till högre halter i atmosfären och därmed till en global uppvärmning.

Den andra sammanställningen över aktuell klimatforskning publicerade 1990 av IPCC som tillsattes 1988 och är ett samarbete mellan ca två hundra regeringar och involverar bortåt ett tusental forskare. IPCC har till uppgift att bedöma och utvärdera forskning som pågår runt om i världen kring klimatförändringar, kring påverkan på natur och samhälle, möjligheter för anpassningar till ett förändrat klimat, hur utsläppen av växthusgaser kan minska etc. IPCC:s rapporter är avsedda att vara beslutsunderlag för regeringar.

IPCC:s sammanställning 1990 ledde bland annat till att man vid Förenta Nationernas konferens om hållbar utveckling i Rio de Janeiro 1992 tog initiativet till Klimatkonventionen, som trädde ikraft 1994. År 2001 enades IPCC om att den värmeökning som skett under 1900-talet inte kan förklaras på annat sätt än av människans ökande utsläpp av växthusgaser. IPCC varnade även för risken för allvarliga effekter om inte utsläppstrenden vänds – och dessa varningar har skärpts efterhand som man tagit fram nya och uppdaterade rapportserier. Den femte kom 2013–14.

Så som det internationella samarbetet fungerar inom ramen för IPCC blir slutsatserna i deras rapporter återhållsamma. Man enar sig så att säga kring de minsta gemensamma nämnarna. Risken med en sådan försiktighet är att politiska ledare kan få för sig att vi har mer tid på oss än vi faktiskt har.

Hur ligger det då egentligen till? Hur lång tid har vi på oss? Det vet vi inte; bland annat råder osäkerhet om hur långt det kan vara till potentiella brytpunkter. En klok hållning vore därför att ta det säkra före det osäkra och lämna fossil-

VAD ÄR VÄXTHUSEFFEKTEN?

beroendet fortast möjligt. Vad skulle kunna gå fel med en sådan försiktighet?

Vad IPCC till stor del handlar om är att få fram en konsensus mellan ett stort antal forskare kring bedömningar om vad som kan komma att hända i framtiden. Därför rör man sig med formuleringar som *med mer än nittio procents sannolikhet*... I sådana komplicerade sammanhang som klimatet finns för närvarande ingen slutgiltig och odiskutabel vetskap om exakta konsekvenser på längre sikt. Däremot är det lättare att undersöka vad som händer idag. Första frågan är förstås: *Blir det varmare?*

Blir det varmare?

Håller jordens klimat på att bli varmare? Detta borde vara en ganska enkel fråga att besvara – men den är väl så komplicerad. Att räkna ut den globala medeltemperaturen kan tyckas vara enkelt, liksom att jämföra detta värde med medeltemperaturen förra året eller för ett antal år sedan – om man bara har tillgång till tillräckligt många mätstationer spridda över jordytan och tillräckligt långa mätserier från samma mätpunkter.

Vill man jämföra nutida medeltemperaturer med medeltemperaturen för hundra år sedan – eller för tusen eller tiotusen år sedan – blir det komplicerat. Den längsta mätserien är Central England Temperature Record som sträcker sig från 1659 till idag – och den säger egentligen bara något om variationerna på ett ställe i England. Vi har bara direkta och regelbundna mätningar sedan som mest några hundra år och då bara från vissa delar av jorden. Det är bara under en betydligt kortare tid som man gjort systematiska mätningar på många platser över hela jorden. Mätningar med hjälp av satelliter kan teoretiskt täcka hela jordytan men satelliter har vi bara haft några få decennier.

Man blir istället hänvisad till indirekta metoder. Det går att uppskatta medeltemperaturer hundratals och tusentals år tillbaka – med hjälp av träds årsringar, korallers tillväxt, borrkärnor av is från Grönland och Antarktis, sediment som bildats genom avlagringar och andra indikatorer. Dessutom gäller det att samla ihop uppgifter från olika delar av jorden eftersom temperaturen på en viss plats inte säger något om den globala medeltemperaturen. När olika indirekta mätningar visar liknande resultat styrks uppfattningen att det man ser är ett uttryck för en global medeltemperatur.

Men det finns olika slags felkällor som kan ge störningar. En av de längsta meteorologiska mätserierna kommer till exempel från Observatoriekullen i Stockholm, där man registrerat väderdata varje dag sedan 1756. Under denna tid har staden växt till runt mätstationen, vilket påverkat lokalklimatet på kullen så att det blivit lite varmare där än på motsvarande ställen på landsbygden utanför Stockholm. Om man inte tar hänsyn till sådana förändringar går det inte att jämföra mätresultat över tiden.

Det är knappast lättare att mäta och jämföra havsnivån på olika platser och under skilda tider...

Här finns således utrymme för skeptiker. Inte minst gäller det att vara skeptisk när det handlar om jämförelser över tiden; jämför man alltid samma saker under samma förhållanden?. Dock, de mätningar som idag görs ska vara korrigerade för sådana kända avvikelser som exempelvis beror på städers utbyggnad. Det gäller till exempel de undersökningar som görs inom ramen för IPCC (Intergovernmental Panel on Climate Change). Frågan är förstås hur man beräknar hur mycket siffrorna ska korrigeras och om det kan finnas ännu icke kända avvikelser?

Sedan dess start 1988 har Förenta Nationernas klimatpanel (IPCC) publicerat fem rapportserier, i vilka man sammanfattar den aktuella forskningen kring klimatförändringar. Naturvårdsverket har översatt en del av dessa rapporter till svenska, såsom Rapport 6592 (december 2013): *FN:s klimatpanel. Klimatförändring 2013. Den naturvetenskapliga grunden. Sammanfattning för beslutsfattare – Bidrag från arbetsgrupp I (WG I) till den femte utvärderingen från Intergovernmental Panel on Climate Change, IPCC.*

IPCC rör sig med medelvärden, baserade på olika slags observationer, insamlade via satelliter och på andra sätt. Till exempel visar olika mätningar att den globala medeltemperaturen har ökat med mellan 0,65 och 1,06 grader Celsius under perioden 1880–2012. Som medelvärde anger IPCC 0,85 grader och det är framför allt IPCC:s medelvärden som anges i detta kapitel (men medelvärde är i detta sammanhang inte detsamma som sannolikast; ökningen kan lika väl vara till exempel 0,7 eller 1,0 som just 0,85).

Växthusgaserna

Enligt IPCC har koncentrationen i atmosfären av växthusgaser sedan år 1750 ökat till nivåer som inte förekommit åtminstone de senaste 800 000 åren i jordens historia. Dessa växthusgaser består till största delen av koldioxid (76 procent). Därefter kommer metan (16 procent), dikväveoxid (6 procent) plus ett par procent fluorerade gaser, som bland annat används i kylskåp och luftkonditioneringsanläggningar. Andelen av mängden växthusgaser är emellertid inte detsamma som gasernas växthuseffekt. Vissa är starkare än koldioxid och fluorerade gaser anses till exempel bidra med minst fem procent till uppvärmningen av atmosfären.

Tillskottet av växthusgaser sedan 1750 är helt eller nästan helt antropogent, det vill säga orsakat av mänskliga aktiviteter (industrier, transporter, markanvändning etc). Hälften av dessa utsläpp har skett under de senaste fyrtio åren. Och utsläppen har fortsatt att öka även efter år 2000, trots de överenskommelser som gjorts under senare tid i syfte att begränsa dem.

Utsläppen till atmosfären har dock varit betydligt större än de mängder som nu finns där. Drygt hälften av utsläppen har nämligen tagits upp av haven och marken, vilket innebär att nettotillskottet till atmosfären blivit mindre än hälften – vilket i sin tur haft en dämpande effekt på den globala uppvärmningen (om inte hav och mark tagit upp en del av koldioxiden hade således den globala medeltemperaturen idag varit ännu högre).

Sverige har minskat utsläppen under de senaste decennierna, vilket ofta framhålls som en bedrift. Men egentligen är det inte så mycket att skryta med eftersom vad som bland annat hänt är att en stor del av produktionen av de varor som konsumeras inom landets gränser har flyttats till Kina och andra låglöneländer (detsamma gäller övriga rikare länder). Vi har med andra ord flyttat våra utsläpp utomlands – till länder med mindre stränga miljökrav. Dessutom måste alla dessa varor transporteras över världshaven på stora containerfartyg – vanligen registrerade genom så kallad bekvämlighetsflagg i Panama eller något annat av en mindre grupp länder som inte ställer några krav på vilka bränslen som får användas på "deras" fartyg.

Atmosfären

Som nämnts har den globala medeltemperaturen i atmosfären ökat med kanske 0,85 grader Celsius under perioden 1880–2012. Medeltemperaturen varierar en del från år till år, men ser man på lite längre perioder har vart och ett av de senaste årtiondena varit varmare än samtliga tidigare decennier sedan 1850.

Medeltemperaturen varierar även från område till område. I Arktis har temperaturen stigit mer än genomsnittet för hela jorden, på grund av den tidigare nämnda albedo-effekten.

Även efter 2012 har det blivit varmare och år 2015 uppmättes den högsta globala medeltemperaturen sedan 1880.

Världshaven

De övre skikten i världshaven, de översta 75 meterna, har blivit ca 0,11 grader varmare per årtionde under perioden 1971–2010. På större djup är observationerna av naturliga skäl färre, men

IPCC bedömer det som "sannolikt" att haven mellan 1957 och 2009 också blivit varmare i skiktet 2000–700 meter under havsytan.

I norra Atlanten går uppvärmningen av haven djupare än på andra kända ställen tack vare Golfströmmen som utanför Norges norra kust dyker ner och för med sig varmare vatten till djupare delar av havet.

Is- och snötäcken

Under de senaste två årtiondena har inlandsisen på Grönland minskat, medan flertalet bergsglaciärer runt om på jorden har fortsatt att krympa. Glaciärer växer till under vintrarna och smälter under somrarna. De kan växa även om den genomsnittliga temperaturen höjs, under förutsättning att nederbörden i form av snö ökar tillräckligt mycket under vintern.

Havsisarna vid nordpolen (Arktis) har också blivit mindre, liksom vinterns snötäcke på norra halvklotet. Till exempel minskade den genomsnittliga utbredningen av havsis i Arktis med 3,5–4,1 procent per årtionde mellan 1979 och 2012.

Även i Sverige minskar glaciärerna och det har de gjort de senaste hundra åren. Detsamma gäller isarna i Östersjön.

Havsnivån

Sedan mitten av 1800-talet har den genomsnittliga havsnivån stigit snabbare än under de senaste två tusen åren. Mellan 1901 och 2010 låg den genomsnittliga höjningen av havsnivån på 1,7 millimeter per år. Under perioden 1971–2010 var höjningen 2,0 millimeter per år medan den mellan 1993 och 2010 låg på 3,2 millimeter per år. Totalt beräknas den genomsnittliga havsnivån ha stigit med sjutton till tjugoen centimeter mellan 1901 och 2010.

Ungefär två tredjedelar av den observerade höjningen av havsytan beräknas bero på tillförseln av smältvatten från inlandsisar och glaciärer (i Arktis, vid Nordpolen, flyter däremot isen i havet, vilket innebär att havsnivån inte förändras om isen smälter). En tredjedel är en följd av att havsvattnet samtidigt blivit varmare (eftersom vattnets volym ökar ju varmare vattnet blir).

Även andra processer påverkar havsytan. I till exempel Skandinavien motverkas havsytans höjning av den landhöjning som pågått sedan senaste istiden och som fortsätter utom längst i söder (i Sverige som mest nio millimeter per år).

Höjningen av havsnivån är bara ett av symptomen på en pågående global uppvärmning. Men den svarar kanske för den tydligaste kopplingen – ju varmare hav desto större volym och ju mindre is i inlandsisar och glaciärer desto mer vatten i haven.

Den globala medeltemperaturen har stigit, vilket har samband med en ökad mängd växthusgaser i atmosfären. *Men var kommer växthusgaserna egentligen från?*

Vad beror uppvärmningen på?

När vintrarna och kylan på våra breddgrader äntligen ger vika för vårvärmen blir det dags för vårfloderna, då större och mindre vattendrag under några veckors tid flödar över av vatten från smältande snötäcken. Dessa lager av snö byggs på under vintermånadernas nederbörd, för att därefter frigöras under några få veckor.

Det är ungefär detsamma med de fossila bränslena. Under lång tid har de lagrats för att därefter under en kort period frigöras. Men tidsperioderna är annorlunda. Våra lager av kol, olja och naturgas byggdes upp under hundratals miljoner år medan de som lätt kan utvinnas eldas upp under några få århundraden.

Fram till 1800-talet var människans påverkan på atmosfären jämförelsevis begränsad. Människor brände ved, högg ned skog, odlade upp mark, grävde kanaler och byggde dammar, skräpade ner etc. Men om någon alien då hade så att säga tagit tempen på atmosfären eller haven hade hen knappast upptäckt något som skulle ha kunnat tolkas som spår av intelligent liv.

Detta började på allvar ändras i och med industrialiseringen...

Om det bara handlat om antalet människor på jorden skulle det inte vara något problem. År 2016 finns det nästan 7,5 miljarder (7 500 000 000) människor på jorden. Antag att alla dessa skulle kunna ställa sig på sjön Vänern (5,65 miljarder kvadratmeter) när den är helt frusen. Då skulle varje människa

VAD BEROR UPPVÄRMNINGEN PÅ?

få knappt en kvadratmeter till sitt förfogande. De skulle till och med kunna sitta ner.

Antag vidare att dessa 7,5 miljarder står kvar där tills isen smälter och alla sjunker ner i sjön helt och hållet. Då skulle Vänerns yta stiga med runt åtta centimeter, vilket är mindre än de naturliga variationerna av vattenståndet i sjön.

Problemet är således inte människan i sig själv; problemet är allt det som den moderna människan vant sig vid och numera tar för givet, som tillgång till mat från jordens alla hörn, möjligheter att själv när man behagar kunna resa till dessa hörn, krav på bekvämligheter och lyx etc...

Allt detta har till mycket stor del åstadkommits – och åstadkoms fortfarande – genom förbränning av fossila bränslen, det vill säga kol, olja och naturgas. Vid förbränningen avges inte bara mer eller mindre irriterande och giftiga luftföroreningar utan även den osynliga och för livet nödvändiga gasen koldioxid.

Det får anses vara säkerställt att det är människans förbränning av fossila bränslen och annan påverkan som är den enda eller den huvudsakliga orsaken till att halten av koldioxid och andra växthusgaser har ökat i atmosfären och till att dess medeltemperatur ökat sedan mitten av 1800-talet. Andra bidragande orsaker kan naturligtvis inte uteslutas; en del av värmeökningen kan till exempel vara en naturlig återgång efter Lilla istiden, trots att den egentligen upphörde för ungefär hundrafemtio år sedan. Men oavsett vilket är människans påverkan i form av utsläpp av växthusgaser ett historiskt nytt fenomen som vi får räkna med vid sidan av de naturliga klimatfaktorerna.

Människan har orsakat utsläpp av växthusgaser under några tusen år, sedan man i större skala började omforma landskapet och till exempel avverka skog. Genom avskogning har vi gradvis minskat biomassan på jorden, vilket innebär att det kol som varit bundet i de nu nedhuggna skogarna också har frigjorts i form av koldioxid som släppts ut i atmosfären. Men det är först genom industrialiseringen som människans påverkan på klimatet blivit betydande. Och det är framför allt under det senaste halvseklet som utsläppen av växthusgaser blivit riktigt omfattande – sedan industrialiseringen spridits till alla länder och sedan masskonsumtion blivit en global företeelse för en allt större del av jordens befolkning.

Fossila bränslen på gott och ont

Människans relation till de fossila bränslena är en historia om exploatering av natur och människor, om naturförstöring och hälsofarliga miljöer, om girighet och hänsynslöshet... Det är också en historia om enorma tekniska framsteg, om frigörandet från behovet att utnyttja muskelkraft från människor och djur, om en makalös ekonomisk utveckling som man förr knappt ens kunde drömma om...

Denna utveckling har gett oss gigantiska sophögar, mängder av onödiga varor och en infantil prylfixering som kanske först senare generationer kommer att inse hela vidden av. Men utvecklingen har också gett oss möjlighet att slippa frysa på vintern, att enkelt få rent vatten utan att behöva spendera timmar varje dag på utflykter till närmsta brunn, att färdas längre bort än våra ben kan bära oss, att läsa vid vilken tidpunkt som helst på dygnet samt få tag i böcker och mycket annat från hela världen.

Dock, merparten av dessa framsteg har varit – och är fortfarande – begränsade till en global över- och medelklass. En stor del av jordens befolkning har fått mycket lite för egen del av dessa tekniska och ekonomiska framsteg och lever fortfarande i en vardag som exempelvis innebär att man (vanligen kvinnor) tvingas sträva flera timmar om dagen bara för att få tag i vatten, som dessutom ofta skulle klassificeras som otjän-

VAD BEROR UPPVÄRMNINGEN PÅ?

ligt i den rika världen. Dessa fattiga kommer under de närmaste decennierna att behöva använda alltmer energi för att göra livet drägligare, för att frigöra kraft och tid och därmed få möjlighet att nå en rimlig levnadsstandard.

Varifrån kommer de fossila bränslena?

De fossila bränslena är rester av döda växter och djur. Levande växter och djur binder kol som hämtas ur den koldioxid som naturligen finns i atmosfären. När de dör förmultnar de och då frigörs kolet igen i form av koldioxid. Men om det inte blir någon förmultning – på grund av syrebrist – stannar kolet kvar i marken och omvandlas så småningom till fossila bränslen. Därmed "försvinner" en del av det kol som skulle ha återgått till atmosfären; kolet stannar utanför den naturliga kolcirkulationen. Men eftersom det bara är en liten del av jordens samlade biomassa som inte förmultnar är atmosfärens årliga förlust av kol närmast försumbar.

Olja och naturgas anses ha bildats för miljontals år sedan av små vattenlevande djur och växter som dött och samlats på botten av haven där de under högt tryck och i syrefattiga miljöer under årmiljoner har omvandlats till de bränslen vi idag utvinner. Kol bildas av torv, det vill säga oförmultnade växtdelar i syrefattiga miljöer. Under högt tryck, på större djup, omvandlas torv så småningom till brunkol och ännu senare till stenkol. På grund av bergsveckningar befinner sig en del av kolfyndigheterna idag nära jordens yta och kan lätt utvinnas med dagens teknik.

Problemet med de fossila bränslena är att de skapats under hundratals miljoner år, men till stor del förbränns under några få hundra år (de lär dock inte ta slut därför att långt innan dess kommer de att bli så svåråtkomliga att de blir kommersiellt olönsamma). Vid förbränningen återgår slutligen det lagrade

VAD BEROR UPPVÄRMNINGEN PÅ?

kolet till atmosfären i form av koldioxid – men då som "vårfloder".

De fossila bränslena utgör idag ungefär fyra femtedelar av våra samlade globala energiresurser. Resten utgörs av vattenkraft, kärnkraft, vindkraft etc. Kol är det bränsle som ger mest koldioxid. Det är också det bränsle som det finns mest av. Kolet svarar för ungefär 25 procent av världens samlade energianvändning, men orsakar ca 40 procent av utsläppen av koldioxid från fossila bränslen.

Olja är det dominerande bränslet och ungefär hälften av all olja används till bilar. Olja utgör även råvara för framställning av plaster. Oljekällor finns under havsbotten, exempelvis utanför Norges kust, men också på land som för länge sedan var havsbotten.

Naturgas, som främst består av metan, är den "renaste" av de fossila bränslena och släpper ut ungefär hälften så mycket växthusgaser som motsvarande mängd olja. Men även förbränningen av naturgas ökar på mängden koldioxid i atmosfären – om än långsammare än exempelvis oljeförbränning. En övergång till naturgas är således ingen långsiktig lösning. Naturgas används framför allt i kraft- och värmeverk.

Metanhydrater – det största hotet?

De största förekomsterna av fossilt material finns kanske på havens botten i form av metan, bildade av multnande organiskt material. Metan är en gas, men på några hundra meters djup, där trycket är stort och temperaturen låg, förenas metanet med vatten och övergår i så kallade metanhydrater. Det finns även metanhydrater i den frusna marken, permafrosten, i norra Sibiriens tundra.

Om trycker minskar, till exempel om havsbotten stiger på grund av en jordbävning, eller om temperaturen ökar på grund av att havsvattnet värms upp, frigörs metan och bubblar upp

VAD BEROR UPPVÄRMNINGEN PÅ?

till havsytan. Detta sker naturligen, exempelvis som en följd av kontinentalplattornas förskjutningar, men det sker normalt i mindre mängder.

Om däremot stora mängder av metan skulle frigöras under kort tid kan halten av växthusgaser öka dramatiskt i atmosfären och leda till en snabb ökning av temperaturen. Metan är en betydligt potentare växthusgas än koldioxid, ca tjugo gånger kraftfullare, men inte alls lika långlivad i atmosfären.

I havsbottnarna vid Arktis finns stora mängder med metanhydrater och dessa kommer förmodligen att vara de första som frigörs vid en tillräckligt stor uppvärmning av haven, eftersom uppvärmningen av atmosfären och haven sker snabbast i dessa områden. Vad är då en "tillräckligt stor uppvärmning"? Det vet man inte – kanske några grader, men det finns de som tror att det räcker med en grads uppvärmning. Under senare år har ryska forskare mätt upp högre halter av metan över Arktis än vad som förekommer på andra håll i atmosfären – vilket tyder på att metan börjat frigöras.

Allt detta leder till den avgörande frågan: *Vad kan hända om vi bara fortsätter som hittills?*

Om vi fortsätter som hittills...?

Föreställ dig att du vandrar längs en stig. Så kommer du till en lång bro över en ravin. På ena sidan av stigen står ett hundratal personer som varnar för att gå över bron; den är alltför rank. De är inte eniga om exakt hur riskabelt det är att passera bron just nu. En del tror att den säkerligen kommer att rasa ihop under dig, andra säger att om du har tur kommer den att hålla den här gången och kanske också nästa gång...

På andra sidan av stigen står ett par personer som istället försöker försäkra dig om att det inte innebär någon som helst risk att passera bron.

Vad väljer du att göra? Tar du chansen att tro på den lilla gruppen och fortsätter att gå upp på bron eller...?

Oundvikliga konsekvenser

Vad kommer att hända om vi inget gör utan fortsätter att som hittills förbränna fossila bränslen så länge som de räcker eller snarare så länge som de är kommersiellt lönsammare än andra energikällor? Halten av koldioxid i atmosfären kommer då att fortsätta öka och jordens medeltemperatur kommer att fortsätta stiga. Sibirien lär bli lite behagligare att vistas i och det kommer förmodligen att bli sällsynt med snö i Tyskland. Andra delar av världen blir istället obehagligt varma för människor – medan till exempel malariamyggor kommer att kunna trivas i ännu fler områden.

Det kommer även att leda till att glaciärer och inlandsisar kommer att minska än mer, medan havsytan fortsätter att stiga. Vissa regioner blir torrare och andra våtare, liksom att det blir blåsigare på sina håll och svagare vindar på andra ställen.

Detta är självklarheter och en oundviklig följd av växthuseffekten (under förutsättning att jorden inte drabbas av en supervulkan eller träffas av en stor asteroid, som så att säga kullkastar alla mänskliga förutsägelser).

Egentligen är det så att de växthusgaser som vi redan släppt ut i atmosfären kommer att orsaka påtagliga förändringar. Vissa effekter är tydliga redan nu, som att det blivit möjligt att sommartid gå med handelsfartyg längs Nordost- och Nordvästpassagerna, där man tidigare bara kunde gå med isbrytare. Genom dessa passager, nu isfria under ett antal veckor varje sommar, har man dessutom skapat nya områden på jorden för utsläpp av koldioxid och luftföroreningar från fartyg som ofta är bekvämlighetsflaggade för att komma undan krav på renare bränslen med mera.

Därtill gör avsmältningen att det kan bli möjligt att utvinna olja under Arktis havsbotten, vilket förutom ännu mer fossila bränslen skulle medföra stora risker för oöverblickbara konsekvenser vid eventuella olyckor.

Klimatsystemet reagerar emellertid långsamt och de fulla konsekvenserna av redan gjorda utsläpp har ännu inte hunnit visa sig. Problemet är således inte så mycket vad som skett hittills utan vad som kommer att ske på grund av naturliga trögheter i klimatsystemet. Utöver den höjning som redan skett kommer den globala medeltemperaturen att fortsätta stiga med kanske en halv grad till även om vi idag helt hade kunnat stoppa alla antropogena, mänskliga, utsläpp av växthusgaser.

Men, eftersom utsläppen fortsätter från kraftverk, trafik etc kommer medeltemperaturen att stiga ytterligare innan den kan komma att plana ut. När vi diskuterar hur uppvärmningen kan hejdas handlar det således om att hejda en ytterligare uppvärmning utöver den vi får räkna med på någonstans runt åtminstone en och en halv till två grader.

Hur mycket och hur snabbt?

Minskande glaciärer och isar, stigande havsyta, torrare i delar av världen, regnigare i andra delar... Detta är således inte spekulationer utan vad som kommer att ske. Vad vi däremot inte vet är hur omfattande dessa förändringar kommer att bli och hur snabbt de kommer att ske. Men vad vi vet är att ju mer den globala uppvärmningen tillåts öka, desto större risk för helt andra scenarier än de nyss nämnda – kanske redan under detta sekel:

Glaciärerna i Himalaya och andra bergskedjor kan då till stora delar smälta bort, vilket i sin tur leder till att vattenflödet i ett antal stora floder minskar under de varma sommarmånaderna – då vattnet framför allt behövs för odlingarna av vete, ris med mera. När avsmältningen av glaciärerna ökar kommer vattenflödet i floderna att till en början stiga, men därefter avta alltmer i takt med att glaciärerna blir allt mindre. Om inte trenden hejdas kan större glaciärer förlora merparten av deras volymer redan under detta århundrade medan massor av små glaciärer helt lär försvinna.

Det finns många områden på vår jord där människor är beroende av vattnet från smältande glaciärer, som i länderna vid Anderna i Sydamerika. Men de mest folkrika är centrala Kina och norra Indien. En omfattande avsmältning kommer således direkt att drabba hundratals miljoner människor som lever vid dessa floder.

Havsytan kan komma att stiga betydligt mer än en meter, vilket kommer att tvinga människor att lämna ett stort antal kuststäder och bebodda öar. En av anledningarna är som nämnts att inlandsisar och glaciärer smälter; ju mindre vatten som är bundet i isar, desto mer vatten i haven. De stora ismassorna finns dels på Grönland, dels i Antarktis. Om hela Grönlands ismassa skulle smälta kommer havsytan att stiga med mer än sex meter (vilket kan ske, men knappast under detta århundrade).

När det gäller Antarktis räknar man bara med marginella förluster av is vid kanterna. På större delen av den inlandsisen är kylan så låg – ner till minus sextio grader – att även en mycket kraftig uppvärmning av atmosfären inte gör någon nämnvärd skillnad. Istället räknar man med att istäcket i de centrala delarna till och med kommer att växa på grund av högre nederbörd (vilket i så fall kommer att kompensera för en del av vattnet från smältande glaciärer). Den Västantarktiska isen kan däremot, som tidigare nämnts, komma att glida ut i havet och därmed orsaka en höjning av havsytan på upp till fem meter.

En höjning av havsytan med flera meter kommer att leda till många fler översvämningar som blir mycket värre än de som drabbade staden New Orleans när orkanen Katrina slog till mot USAs sydkust i augusti 2005. Vill man undvika sådana översvämningar får man göra som de städer i Kina som låg där en stor vattenreservoar anlades när man byggde världens största dammbyggnad, Tre raviner, över Yangtzefloden. Man fick helt enkelt flytta städer och byar högre upp på bergssluttningarna, medan de lägre liggande stadsdelarna fick översvämmas av det stigande vattnet. Men det är bara vissa kuststäder som ligger på bergssluttningar; andra ligger i låglänta områden som just New Orleans eller som Dhaka i Bangladesh (där runt 20 miljoner människor lever i ett låglandsområde strax över havsnivån).

Även en mindre höjning av havsytan, med mindre än en meter, kommer i särskilt låglänta områden som Nildeltat i Egypten att leda till översvämningar av tätt befolkade områden. En sådan måttlig höjning av havsnivån kommer också att innebära att grundvattnet i många kustområden riskerar att bli oanvändbart på grund av att det förorenas av inträngande salt havsvatten.

Uttorkningar. Områden i Mellanöstern, kring Medelhavet och i flera andra delar av världen, såsom Kalifornien, kan bli så varma och torra att de förvandlas till halvöknar. Dessa områden är redan utsatta för torka och bedöms vara särskilt sårbara även för mindre värmeökningar.

Regnskogarna i Amazonas och på andra håll kan komma att helt eller till stora delar försvinna, inklusive alla de arter som frodas i dessa miljöer och bara där. Klimatförändringarna bidrar till att allt fler skogsområden blir allt torrare, vilket bland annat leder till fler och intensivare skogsbränder. Regnskogarna är känsligare än andra skogar, bland annat på grund av att dess jord är fattigt på humus (nerbrutna växt- och djurdelar) medan nästan all näring finns i själva den växande skogen. För övrigt har omkring hälften, kanske mer, av den regnskog som fanns för hundra år sedan redan försvunnit på grund av avverkningar.

Stormigare? Det blir förmodligen blåsigare i vissa delar av världen medan andra delar får svagare vindar. Men totalt sett kan det faktiskt bli lite mindre stormigt eftersom atmosfären över Arktis värms upp mer än genomsnittligt för hela jorden, vilket innebär en liten utjämning av dagens temperaturskillnader.

En skenande värmeökning?

Som nämnts finns det en risk att de frusna lagren av metanhydrater under den arktiska tundran och i havsbotten kan frigöras i större omfattning. Om det sker kan vi få en mycket snabb och accelererande uppvärmning av atmosfären. Och just i områdena runt Arktis har temperatur-ökningen gått betydligt längre än genomsnittet för jorden...

OM VI FORTSÄTTER SOM HITTILLS...?

En skenande värmeökning kan leda till en total avsmältning av inlandsisen på Grönland. Vad är då sannolikheten för att den helt ska smälta bort? Enligt en enkät till ett antal klimatexperter som amerikanska vetenskapsakademin presenterade 2009 ansåg två tredjedelar att det är sannolikt att Grönlands isar helt eller nästan helt kommer att smälta bort om den globala temperaturen fram till år 2200 ökar med mer än 4,7 grader Celsius (se Lázsló Szombatfalvy: *Vår tids största utmaningar*, s. 47).

Enligt samma enkät ansåg hälften av de tillfrågade att det är sannolikt att hela eller nästan hela Västantarktis kommer att glida ut i havet om samma uppvärmning skulle ske.

Nära hälften av dessa experter bedömde det också som sannolikt att Amazonas regnskogar i det läget kommer att dö eller brinna upp till minst hälften. Och en tredjedel ansåg det troligt att Golfströmmen kommer att bromsas upp med minst 80 procent.

Dessa klimatexperter gjorde sina bedömningar utifrån en tänkt ökning av den globala temperaturen fram till år 2200. Men om det skulle bli en skenande uppvärmning av atmosfären på grund av frigjorda metanlager kan avsmältningen av exempelvis Grönlands isar ske långt tidigare än så.

Fortsatt ackumulering under lång tid

Växthusgasernas livslängd spelar stor roll. På grund av att koldioxid och exempelvis fluorföreningar stannar kvar länge i atmosfären fortsätter de att ackumuleras under lång tid även om utsläppen drastiskt skulle minska. Ackumuleringen går då bara långsammare. För att halterna av dessa gaser ska börja stabiliseras under detta århundrade, för att senare minska, krävs att utsläppen nästan helt upphör – och att det sker långt innan århundradet är till ända.

OM VI FORTSÄTTER SOM HITTILLS...?

När det gäller metan och andra mer kortlivade växthusgaser kan minskade utsläpp resultera i lägre halter i atmosfären efter bara några decennier. Detta innebär följaktligen att vi måste räkna med en uppvärmning på minst ett par grader fram till år 2100. Om vi fortsätter som hittills utan att reducera utsläppen, business-as-usual, lär vi få se en kraftigare uppvärmning.

Liknelsen med bron i inledningen till detta kapitel är ett exempel på riskvärdering. Men liknelsen haltar förstås; medan de som går över bron riskerar att själva falla ner i ravinen blir det våra barn och barnbarn som kommer att drabbas om vi misslyckas med att lämna vårt fossilberoende.

Vad kan vi göra?

Den 30 november till 11 december 2015, anordnades i Paris det så kallade tjugoförsta partsmötet under Förenta Nationernas klimatkonvention. Vid mötet enades länderna om ett nytt globalt klimatavtal som ska gälla från år 2020. Kommer det att räcka med det avtalet för att begränsa den globala uppvärmningen till maximalt två grader? (Två grader är vad man enat sig om som maximalt tillåten värmeökning. Men denna gräns på två grader är mer politiskt än vetenskapligt motiverad. Det enda man med säkerhet kan påstå är att ju varmare klimat desto större risker.)

Nej, det kommer säkerligen inte att räcka med vad man kom överens om i Paris. En studie från IIASA (International Institute for Applied Systems Analysis) i Österrike, *Paris Agreement climate proposals need a boost to keep warming well below $2°C$* (2016), visar till exempel att de åtaganden som gjorts sedan Paris-mötet kommer att begränsa värmehöjningen till mellan 2,6 och 3,1 grader fram till år 2100. För att komma ner till högst två grader måste man således minska utsläppen av växthusgaser mycket mer och snabbare än vad man hittills kommit överens om.

Det riktigt avgörande är om skulle vi passera en brytpunkt, en punkt där en accelererande värmeökning startar. Men var en sådan gräns kan ligga vet vi ej (jämför med gungbrädan s. 29). Den kan ligga både över och under två graders ökning. Var den än ligger måste värmeökningen hejdas innan vi når en sådan brytpunkt eller tipping point.

VAD KAN VI GÖRA?

Vilka är då alternativen till de fossila bränslena?

Direkt solenergi mest lovande

Solen är vår viktigaste energikälla och den enda nödvändiga; utan sol inget liv och inte heller någon planet. Den mängd energi som jorden tar emot från solen under en enda timme skulle i teorin räcka för att täcka mänsklighetens nuvarande energibehov under ett helt år. Denna energi är ständigt flödande, i ett jordiskt perspektiv oändlig och dessutom gratis. Solenergin verkar således vara den uppenbara lösningen på problemet med de fossila bränslena. Knepet är bara att utnyttja denna källa så effektivt som möjligt. Det gäller till exempel att hantera det faktum att jorden har egenheten att rotera vilket innebär att vi har natt halva dygnet.

Direkt utnyttjande av solkraft förekommer idag i olika former, från solfångare på tak, där de kan användas för att värma vatten, till stora anläggningar på solrika platser för att producera elektricitet. Sådana anläggningar kan spridas och byggas ut i betydande utsträckning – men för att direkt solkraft ska kunna svara för hela eller merparten av vårt energibehov krävs fler, större och effektivare anläggningar.

Vad som också krävs är stora ytor med sol och sådana har vi i ett antal öknar, där inga eller mycket få människor lever. Det skulle teoretiskt kunna räcka att med dagens teknik utnyttja bara en tiondel av Sahara för att förse hela jorden med all den energi som behövs.

Storskaliga solkraftverk i öknar kan kompletteras med mindre solkraftverk på ytor som inte används till annat, som fasader på höga byggnader. Små solkraftverk kan över huvud taget användas överallt där man har tillgång till något så när pålitliga soltimmar för att producera el och värme för dagligt behov av belysning, matlagning etc.

VAD KAN VI GÖRA?

Utmaningen – förutom att ta fram billiga och effektiva solpaneler – är att distribuera energin utan för stora förluster och att lagra energi för nattens behov. Den logiska lösningen för att distribuera elenergin är kontinentala eller globala kraftledningsnät som knyter samman alla solkraftverk plua alla andra kraftverk som utnyttjar förnybara energikällor.

I USA finns tillräckligt med stora öknar för att klara av all energiförsörjning för hela landet – till och med för hela kontinenten. Enligt uppskattningar i tidskriften Scientific American (16 december 2007) skulle det räcka med att omvandla 2,5 procent av solstrålningen i dessa öknar till elektricitet för att täcka USAs totala energikonsumtion 2006. För att täcka energibehovet under natten ges några alternativ, som till exempel att i bergrum och övergivna gruvor lagra komprimerad luft, vilken släpps ut nattetid för att driva turbiner. Dessa solkraftverk skulle kunna ersätta sex hundra stora kol- och naturgaskraftverk och reducera allt importbehov av olja till noll samt täcka ca sjuttio procent av USAs totala behov av elektricitet år 2050.

Kostnaderna för den federala regeringen uppskattades till fyra hundra miljarder dollar under fyrtio år – vilket kan jämföras med de sju hundra miljarder dollar som president Bush begärde av kongressen i september 2008 för att rädda ett antal amerikanska banker och finansieringsinstitut genom att överta värdelösa bostadslån (de som hävdar att de nödvändiga åtgärderna för att förhindra en alltför stor värmeökning i sig skulle vara ett hot mot världsekonomin får nog anses sitta med bevisbördan).

Vid en fortsatt utbyggnad skulle sådana solkraftverk kunna förse hela USA med all elektricitet som behövs år 2100 (eller nittio procent av allt energibehov). Utsläppen av koldioxid beräknas då kunna minskas till enbart åtta procent av 2005 års utsläpp.

VAD KAN VI GÖRA?

När man ser sådana här siffror återstår bara en fråga: Vad väntar man på...?

Indirekt solenergi i form av vatten, vind etc...

En stor del av vår samlade energikonsumtion tillgodoses idag genom vattenkraft, vindkraft, olika slags biobränslen etc. Dessa energiformer är indirekt solkraft eftersom floder, vindar, havsströmmar etc drivs av solen och kommer att fortsätta rinna, blåsa och strömma så länge solen existerar.

Vattenkraftverk producerar ungefär en femtedel av all elektricitet i världen. Fördelarna med vattenkraft är att det inte kräver något bränsle (när väl anläggningarna står klara), att vattnet i stort (med vissa undantag) flödar oberoende av årstid och tid på dygnet, att tekniken är väl beprövad, att kraftverken har lång livstid, är billiga att sköta när de väl byggts samt – inte minst viktigt – att man så gott som omedelbart kan reglera flödet i turbinerna och därmed anpassa produktionen till den aktuella efterfrågan. Vattenkraftverk kan också utnyttjas för att lagra överskottsenergi från andra källor, genom att pumpa upp vatten, som därefter kan utnyttjas när efterfrågan ökar. Kanske kommer framtidens vattenkraftverk främst att vara igång nattetid? Å andra sidan kräver dammarna stora utrymmen och därför ofta också förflyttningar av folk. I många fall skapar dammarna också problem med sediment med mera.

Vindkraftverken blir fler och fler, både till lands och till sjöss, och de blir allt effektivare. Den utvecklingen lär fortsätta och utbyggnadsmöjligheterna är stora även om man tar estetiska hänsyn – inte minst i polarområden. Fördelarna med vindkraften är att den liksom vattenkraften inte kräver något bränsle och att energikällan är gratis. Dessutom är det en teknik som redan fungerar och som därför kan byggas ut direkt. Den uppenbara nackdelen är att vindar är opålitliga och därför kan man inte enbart göra sig beroende av vindkraft om

VAD KAN VI GÖRA?

man inte använder en del av den energi de producerar för lagring till vindstilla dagar. En del av denna opålitlighet kan förstås kompenseras med kraftledningsnät som binder ihop många vindkraftverk; alltid blåser det någonstans.

Vågkraft. Atmosfärens vindar motsvaras av havens vågor och tidvatten. Vågor är opålitliga medan tidvattnet drivs av månens och solens dragningskrafter och därför "går som klockan". Varken vågkraft eller tidvattenskraft svarar idag för någon nämnvärd mängd energi. Men haven är vida – de täcker ca sjuttio procent av jordens yta – och potentialen bör vara stor, i exempelvis Norge med dess långa kust och trånga fjordar.

Biobränsle i form av ved och annan biomassa är vår äldsta energikälla och används fortfarande i stor utsträckning. Under förutsättning att avverkad skog ersätts med ny ingår den koldioxid som frigörs vid eldningen i ett naturligt kretslopp och bidrar därmed inte till ökningen av växthusgaser. Men all avverkad skog ersätts inte med ny...

Modernare former av biobränslen är odling av växter för att producera etanol och andra bränslen för exempelvis biltrafiken. Alla sådana biobränslen är en form av indirekt solkraft, men med den skillnaden att de, med nuvarande teknik, potentiellt konkurrerar med produktionen av mat. Den 5 juli 2008 refererade The Guardian i Storbritannien en "hemlig" rapport från Världsbanken, i vilken man konstaterade att odlingen av biobränslen var den huvudsakliga orsaken till ökningen av matpriserna 2007–08 och att andra orsaker spelade en i jämförelse liten roll.

Det är inte heller självklart att dagens biobränslen leder till minskade utsläpp av växthusgaser. Olika studier har visat att en övergång till etanol eller biodiesel visserligen åstadkommer mindre utsläpp vid själva förbränningen i bilarna – men att produktionen av dessa bränslen istället leder till högre halter i

VAD KAN VI GÖRA?

atmosfären, inte minst ifall man röjer regnskog för att bereda plats för odlingarna.

Andra energiformer

Geotermisk energi. I Sverige värms förhållandevis många villor av jordvärme, det vill säga av en värmepump som via en slinga i marken hämtar värme från en eller ett par meters djup, eller av bergvärme. Med geotermisk energi menas dock vanligen energi från djupare lager. Den är till skillnad från de tidigare energislagen ingen indirekt solkraft utan en rest från den tid då hela jorden var ett glödande klot. Idag svarar den geotermiska energin globalt sett för bara en liten del av den samlade energiproduktionen. Men för några få länder är denna energiform desto viktigare, som för Island, som är ovanligt väl gynnat vad gäller geotermisk energi. Baksidan är att landet också är väl gynnat vad gäller jordbävningar och vulkanutbrott.

Värmen från underjorden har islänningarna utnyttjat för uppvärmning sedan landnamstiden (landtagningstiden) för mer än tusen år sedan, då landet befolkades av nybyggare som när det var möjligt byggde sina gårdar intill varma källor. Under 1900-talet började man utnyttja denna lätt tillgängliga resurs i större skala genom borrningar och idag värms nästan alla byggnader i landet av det underjordiska hetvattnet. Man har också ett antal kraftverk som av hetvattnet producerar elektricitet.

För att denna energiform ska kunna spela en större roll globalt sett krävs mer avancerad teknik än vad Island behövt utveckla. Utmaningen är att kunna hämta upp hetvattnet från några kilometers djup lika enkelt som man idag hämtar upp det från några hundra meters djup i Island. I praktiken är själva energikällan – värmen i jordens inre – så gott som obegränsad.

Kärnkraften svarar för runt femton procent av den totala elektricitet som produceras. Den ger mycket energi per kraft-

VAD KAN VI GÖRA?

verk, men bränslet utnyttjas ändå ineffektivt. Dessutom kräver utvinningen av bränslet fula ingrepp i naturen och kärnkraften är inte billig. Kärnkraften genererar också en hel del koldioxid. Själva förbränningen i sig orsakar visserligen inga utsläpp av koldioxid, men om man ser till en reaktors hela livslängd, inklusive uranbrytningen, anrikningen av bränslet, byggandet av de stora anläggningar som krävs etc blir utsläppen betydande.

Den stora nackdelen med kärnkraftverk är emellertid de tre säkerhetsriskerna: Risken att kärnkraftverk också utnyttjas för att tillverka kärnvapen. Risken för haverier (med utsläpp av radioaktivitet). Risken med lagringen av utbränt och höggradigt radioaktivt kärnbränsle på säkert sätt i tiotusentals år (det är som att sopa ett problem under mattan och hoppas på att ingen kommer att lyfta på den där mattan under de närmaste hundra tusen åren). Egentligen borde var och en av dessa tre risker vara en tillräcklig anledning att avveckla dagens kärnkraft. Men förmodligen blir det istället de höga kostnaderna som slutligen fäller kärnkraften.

Erfarenheterna hittills visar nämligen att kostnaderna för att utveckla och driva kärnkraftverk, samt möta alla säkerhetskrav, blir så omfattande och oförutsebara att det finns all anledning att istället använda våra resurser till att utveckla solkraftverk och annan förnybar energi.

Det satsas idag en hel del på forskning kring nya generationer kärnkraftverk, som teoretiskt skulle kunna bli betydligt effektivare än nuvarande och dessutom säkrare. Men sådana kraftverk ligger förmodligen rätt långt fram i tiden – så långt fram att de egentligen inte kommer att behövas för att täcka våra framtida energibehov. Vad som däremot behövs är kärnkraftverk som kan utnyttja dagens kärnkraftsavfall – det som sopades under den där mattan – som bränsle och som nytt avfall få en restprodukt som är både mindre farlig och mindre långlivad. Därmed skulle framtida generationer slippa oroa sig för vad som kan hända med det vi lämnat efter oss. Finns det något vettigt skäl för att inte satsa på att utveckla just sådan teknik – alldeles oavsett hur det går med klimatfrågan?

Futurologiska idéer?

Konstgjorda moln över haven för att skärma av solstrålningen; gigantiska "skorstenar" som istället för att släppa ut gaser fångar in koldioxid ur atmosfären; satelliter i form av stora speglar som koncentrerar solstrålar mot mottagare på jordytan där man hettar upp vatten som driver generatorer; triljoner små skärmar som i rymden mellan jorden och solen ska avskärma en del av solstrålning...

Det saknas inte idéer om hur man kan lösa klimatfrågan. Vissa är sådana som på engelska kallas geo-engineering (ungefär manipulering av jordklotet), har klara futurologiska drag och inte är särskilt billiga. Några är potentiellt löftesrika. Den energi man skulle kunna utvinna från dagens markbaserade vindkraftverk är bara som en mild pust i jämförelse med vad man hypotetiskt skulle kunna få ut av svävande vindkraftverk på ca elva kilometers höjd där man finner de så kallade jetströmmarna (om inte dessa i framtiden påverkas av den globala uppvärmningen).

En möjlighet är att använda sig av genteknik för att producera bränsle. Knepet är att få bakterier att omvandla koldioxid i atmosfären till någon form av biobränsle. Om man kan producera biobränslen i bakteriefabriker istället för på värdefull mark, då bör man ha löst problemet med att biobränslen konkurrerar med matproduktion. Därefter, när man ersatt petroindustrin, kan det vara dags att låta bakteriefabriker ersätta den gamla pappersmassaindustrin, så vi kan låta skogarna stå kvar.

Dock, om man ändå ska satsa en massa pengar förefaller en satsning på solkraftverk i öknar som en säkrare investering. Dessutom är vissa storskaliga åtgärder – som att till exempel

VAD KAN VI GÖRA?

göda plankton så att de kan binda mer koldioxid för att därefter sjunka till havets botten – förenat med stora risker; man vet för lite vilka effekter och sidoeffekter de kan ha. En del futurologiska idéer verkar också ha kommit till i någon slags förhoppning att vi skulle kunna fortsätta att släppa ut växthusgaser – bara man istället kan skärma av en del av solstrålningen. Andra förslag har istället förts fram i förtvivlan över beslutsfattares senfärdighet, som till exempel att sprida luftföroreningar i atmosfärens övre skikt genom att blanda svavel med flygplans jetbränsle och på så sätt skapa en konstgjord dimma som kan avskärma en del av solstrålningen.

Hur klara övergångsperioden?

På längre sikt kommer vi rimligen inte att ha något egentligt energiproblem alls – när vi väl lärt oss att till fullo utnyttja solens strålning. Det kräver tid och resurser – för forskning och utveckling samt för byggandet av dessa *solkraftverk*.

Det krävs också tid och resurser för att bygga ut *kontinentala nätverk av effektiva högspänningsledningar*, vilka kan bilda stommen i ett framtida globalt nät. Vårt nuvarande fossilberoende samhälle förutsätter att de fossila bränslena (kol, olja, gas) – och även kärnbränslen – transporteras från källorna till kraftverken, tankstationerna etc. I ett helt solberoende samhälle behöver man inte längre några tankbåtar eller gasledningar. Istället krävs avancerade nät för att distribuera den förädlade energin – elektriciteten – från källorna (öknar, vattenfall, blåshål...) till avnämarna.

Frågan är då hur vi ska klara av övergångsperioden mellan fossilberoende och solberoende med så lite utsläpp som möjligt av växthusgaser? Det lär knappast räcka med att satsa på det självklara, det vill säga *en intensiv utbyggnad av existerande förnybara energikällor*. Men därutöver kan man till exempel satsa på:

VAD KAN VI GÖRA?

Att snabbt minska skogsavverkningarna: Avskogningen svarar för ungefär en femtedel av de totala utsläppen av koldioxid. Det förmodligen snabbaste sättet att minska utsläppen av koldioxid i atmosfären vore att stoppa all avverkning av skog om den inte ersätts med motsvarande mängd nyplanterad skog samt att satsa på plantering av nya skogar.

Att snabbt bygga ut alternativen till de fossilbränsledrivna fordonen, genom att göra alternativen mer lockande. Det som rimligen måste prioriteras är de lösningar som kan ersätta flest fossildrivna bilresor.

Att göra användningen av fossila bränslen dyrare och dyrare: Alla nationer skulle till exempel kunna komma överens om att med skatter göra användningen av fossila bränslen dyrare och dyrare efterhand som de alternativa energikällorna byggs ut – om man inte väljer en lösning med individuella utsläppsrätter.

Att ransonera alla utsläpp av koldioxid, som en form av individuella utsläppsrättigheter (som då förutsätts minska med några procent årligen). Var och en skulle få en viss mängd koldioxidutsläpp per år att hushålla med medan varje vara och tjänst skulle förses med en extra "prislapp" med uppgift om hur mycket koldioxid produktionen och användningen genererar. Om man till exempel satsar på en resa till Thailand blir det inte så mycket över till annan koldioxid-krävande konsumtion det året – oavsett hur ekonomiskt välställd man råkar vara (om man inte köper utsläppsrätter av fattigare världsmedborgare). Med dagens datorkraft borde det inte bli en alltför komplicerad lösning.

Den stora fördelen med individuella utsläppsrätter är att de drabbar alla lika. Det finns flera studier som visar att skatter och andra begränsningar tämligen lätt accepteras av gemene man – under förutsättning att de uppfattas som nödvändiga och att de drabbar alla lika.

Att ta hand om en del av den koldioxid som ändå kommer att släppas ut under övergångsperioden: Den teknik det handlar om kallas koldeponering eller CCS (Carbon Capture and Storage, det vill säga kolinfångning och -lagring). Den går ut på att man vid kolkraftverk och andra stora källor för koldioxid fångar upp gasen innan den går ut i atmosfären och pumpar ner den i underjorden, exempelvis i gamla oljekällor. Det finns ett mindre antal sådana anläggningar, till exempel vid det norska Sleipner-fältet, som är ett olje- och gasfält i Nordsjön. Koldeponering kan bara lösa en mindre del av problemet med växthusgaser, men det kan visa sig vara en avgörande del.

Att radikalt minska utsläppen av övriga växthusgaser, genom att de helt stoppas eller genom att de tas om hand efter användningen, så som sker med lustgas på en del sjukhus. De här gaserna förekommer inte lika rikligt i atmosfären som koldioxid, men deras växthuseffekt kan å andra sidan vara betydligt starkare.

Till sist, det gäller inte bara att välja strategi utan också att hålla fast vid målet oavsett vad som i övrigt kan komma att hända. Medan det långsiktiga arbetet på att lämna fossilberoendet pågår lär det dyka upp andra kriser av akut karaktär: ekonomisk stagnation, krig, finanskriser, flyktingströmmar, våldsamma naturkatastrofer... Då gäller det för våra politiska ledare och samhällsinstitutioner att ha förmåga att hantera mer än en kris i taget.

Och det gäller för oss alla, särskilt vi som har möjlighet att välja våra politiska företrädare, att kunna stå emot populistiska locktoner om enkla lösningar.

Vad kostar det?

Vad kommer det att kosta att ställa om samhället från fossilberoende till solberoende? Det har förekommit en del uppskattningar, upp till exempelvis en procent av världens bruttonationalprodukt (BNP), vilket ungefär skulle motsvara de samlade militära utgifterna i jordens alla länder. Enligt en

VAD KAN VI GÖRA?

rapport 2008 från det internationella revisions- och konsultföretaget PricewaterhouseCoopers (PwC), The World in 2050, beräknade man kostnaderna för att reducera de totala utsläppen av koldioxid med 50 procent till år 2050 till ca tre procent av den globala ekonomiska tillväxten. Det innebär att den totala bruttonationalprodukten som alla länder tillsammans förväntades ha uppnått 2050 utan några insatser för att reducera utsläppen av koldioxid skulle komma att försenas med ett år ifall man satte in åtgärder för att reducera utsläppen. En försening på ett år...

Ingen vet med säkerhet vad det kan kosta, men egentligen handlar det om två frågor:

- Vad kommer det att kosta att forcera fram en minskning av utsläppen av koldioxid och andra växthusgaser?
- Vad kommer det att kosta med alla de anpassningar i samhället som blir nödvändiga om vi väljer att bara fortsätta som hittills?

Man ska inte lura sig själv med att tro att det inte kommer att kosta något om man väljer att inte agera. Däremot är det sant att alternativet att inte göra något idag i praktiken innebär att vi lastar över alla kostnader och allt ansvar på våra barn och barnbarn – samt låter dem ta alla konsekvenser av vår oförmåga eller ovilja.

Dystopi eller utopi?

Det är inte ovanligt att idag höra de som säger att klimatfrågan i alla fall inte kan vara det största problemet i vår tid. Och visst, det finns värre tänkbara hot än den globala uppvärmningen. Ett sådant vore det totala kärnvapenkriget, som under kalla krigets dagar utgjorde ett ständigt och fullt realistiskt hot. Ett annat vore ett stort asteroidnedslag som det som för ca 65 miljoner år sedan ledde till att dinosaurierna dog ut.

Ska man degradera den globala uppvärmningen till ett sekundärt hot får man ta till sådana scenarier som ett totalt kärnvapenkrig, ett stort asteroidnedslag eller en supervulkan. De som anser att klimathotet är mindre allvarligt än existerande problem i dagens samhälle – som arbetslöshet, terroraktioner eller flyktingströmmar – har nog inte förstått vad det hela handlar om.

Kanske är det de synbart små talen över värmeökningar som lätt förleder oss att tro att problemet är lika litet? En höjning av jordens medeltemperatur på mindre än en grad Celsius sedan förindustriell tid ser lätt ut som en obetydlighet. Inte ens en höjning på tre eller sex grader låter särskilt alarmerande – vi har betydligt större skillnader mellan sommar och vinter eller mellan dag och natt.

Men genomsnittsvärden är något annat än variationer över dygnet eller året. Man kan likna det hela med om man vid bilkörning börjar vika av från en rak kurs längs vägen. En liten avvikelse spelar för stunden mindre roll; det allvarliga är vad den kan leda till om den inte rättas till i tid...

DYSTOPI ELLER UTOPI?

Eftersom en sådan avvikelse också innebär en allt större risk för att nå en tipping point, blir det dessutom som att köra bilen i mörker och inte veta hur långt det är till stupet vid sidan av vägen...

Vad är vi säkra på...?

Det finns en del osäkerheter kring bedömningarna av olika aspekter av klimatfrågan. Men det gäller att vara klar över vad som är osäkert och vad som inte är osäkert. Vad vi kan vara säkra på är bland annat följande:

att växthuseffekten är reell och att koldioxid är en av växthusgaserna,

att atmosfärens halt av koldioxid och andra växthusgaser har ökat sedan början av 1800-talet,

att denna ökning helt eller till större delen beror på människans förbränning av fossila bränslen och andra mänskliga aktiviteter,

att en ökad halt av koldioxid och andra växthusgaser i atmosfären leder till att atmosfärens medeltemperatur stiger, vilket i sin tur leder till varmare hav,

att atmosfären och haven har blivit varmare under de senaste hundra åren,

att flertalet glaciärer sedan lång tid minskar på grund av avsmältning, samt

att havsytan stiger i allt snabbare takt.

... och vad är vi osäkra på?

Vi kan således vara säkra på att jorden blir varmare – men hur mycket och hur snabbt? De frågor där det finns olika bedömningar är bland annat följande:

• Är utsläppen av växthusgaser från mänskliga, antropogena, aktiviteter den enda orsaken till den globala uppvärmningen eller finns det även naturliga orsaker?

DYSTOPI ELLER UTOPI?

- Hur stark är klimatkänsligheten, det vill säga sambandet mellan ökning av koldioxidhalten och temperaturen, inklusive effekterna av alla återkopplingar?
- Vilka återkopplingar finns samt hur känsliga och kraftfulla är de vid olika förutsättningar? Inte minst, hur samverkar olika återkopplingar sinsemellan?
- Kan en fortsatt uppvärmning leda till brytpunkter (tipping points) då en ytterligare liten förändring av ett slag orsakar en drastisk förändring av något annat slag? Vilka brytpunkter känner vi till och hur känsliga kan de vara? Och vilka känner vi ännu inte till...?

Hur hantera osäkerheten?

Det är rätt att vara skeptisk, men när det gäller att ta beslut måste man också bry sig om eventuella konsekvenser – och att välja att inte göra något är också ett beslut. Om brandkåren får larm om att det börjat brinna i ett hus och samtidigt får ett samtal från någon annan som hävdar att det inte är någon brand – ska brandkåren då strunta i att rycka ut därför att man inte med hundraprocentig säkerhet kan veta om det är någon fara eller ej?

Detta är vad många klimat-förnekare verkar förorda, att chansa på att det inte är någon fara därför att vi inte med säkerhet vet vad som kommer att ske. Men att vi inte med säkerhet kan veta något om framtiden är en självklarhet. I en sådan osäker situation gäller det att istället göra en riskbedömning:

Vad kan hända om vi väljer att tro på klimat-alarmisterna och agerar kraftfullt för att varje år minska förbränningen av fossila bränslen – och det senare visar sig att dessa alarmister hade fel och grovt överskattat riskerna?

Resultatet blir i så fall att vi har forcerat fram en snabbare övergång till solberoende och till ett ekologiskt hållbarare samhälle än vad som annars hade skett. Men en sådan övergång måste ändå göras, förr eller senare.

Vad kan hända om vi väljer att tro på klimat-förnekarna och fortsätter använda fossila bränslen så länge som de är ekonomiskt lönsamma – och det senare visar sig att dessa förnekare hade fel och grovt underskattat riskerna?

Resultatet blir i så fall att samhället kommer att befinna sig i en ännu mer akut situation än idag, bland annat på grund av snabbt stigande hav, samt i ett avsevärt sämre och oåterkalleligt utgångsläge.

En dystopi...

För ett par år sedan publicerades en tunn liten bok på bara 90 sidor, *The Collapse of Western Civilization – A View from the Future* (2014) av två historiker, Naomi Oreskes från Harvard University och Erik M. Conway från California Institute of Technology.

Utifrån en tänkt framtid, år 2393, ger författarna en "historisk" skildring av vad som hänt sedan millenieskiftet, år 2000, och det som ledde fram till det stora sammanbrottet (Great Collapse) år 2093, då Västantarktiska isen försvann. Tillsammans med en accelererande avsmältning av Grönlands is ledde det till en höjning av havsnivån med sju meter, vilket orsakade ett stort antal massmigrationer runt om i världen. Då hade jordens medeltemperatur stigit med mer än tio grader, vilket gjort Afrika obeboeligt för alla arter utom de mest värmetåliga (och till dem hör ej människan).

Detta skulle kunna vara en idé till en av de många apokalyptiska katastrof-filmer som då och då dyker upp på biograferna – om det inte varit ett försök att åskådliggöra vad våra barnbarn kan ha att se fram mot om vi inte förmår eller vill ta klimathotet på allvar.

DYSTOPI ELLER UTOPI?

...eller en utopi?

Om vi i vår generation däremot tar klimathotet på allvar och gör vad som krävs för att begränsa atmosfärens uppvärmning kanske våra barnbarn kan se fram mot en visserligen lite varmare planet men också en ekologiskt mer hållbar. Kanske kommer de då att få uppleva att en del av de mer eller mindre visionära idéer som fördes fram i början av detta sekel faktiskt blivit förverkligade.

Förhoppningsvis kan de då konstatera att övergångsperioden mellan fossilberoende och solberoende kunde begränsas till några få decennier. Förhoppningsvis visar det sig då också att ökningen av den globala medeltemperaturen kunde begränsas till ca två grader utan att någon tipping point passerades. Visst, även den ökningen blev för mycket för ett antal regioner, glaciärer, lågt liggade öar och korallrev – men med tanke på vad som kunnat ske...

Förhoppningsvis kommer våra barnbarn att då leva i en värld som knyts samman av avancerade kraftledningsnät som levererar elström från stora solkraftverk i öknar, från vida områden med vindkraftverk vid polarområden och liknande blåshål samt från andra kraftverk som utnyttjar förnybara energikällor. Förhoppningsvis når dessa nätverk då även ut till de områden och de människor som i början av 2000-talet tillhörde de fattigaste på jorden.

Förhoppningsvis kommer de att kunna färdas omkring i städer med mycket smartare kollektiva lösningar, kanske i kombination med små eldrivna täckta cyklar för en eller två personer? Kanske kommer de även att kunna flyga över molnfria delar av haven och kontinenterna med små lätta soldrivna farkoster, lagom stora för att rymma en familj med bagage och medhavd picknickkorg?

Förhoppningsvis kommer allt det papper som man fortfarande använder att tillverkas i bakteriefabriker medan skogarna

DYSTOPI ELLER UTOPI?

istället används för att ge virke till de många hus, även hus med flera våningar, som byggs av trä istället för av betong – plus att många fler skogar än idag faktiskt får stå orörda. Kanske har "skogsskövling" då blivit ett uttryck som man måste gå till ordboken för att förstå?

Förhoppningsvis kommer det då inte längre att finnas några flottor av gigantiska tankfartyg och tankbilar som gör hav och vägar osäkra. Kolgruvor och oljefält kommer då att definitivt ha förpassats till historieböckerna.

Förhoppningsvis kommer de som då lever i städer som Beijing och New Delhi att med förundran kunna läsa om hur deras far- och morföräldrar ofta tvingades använda ansiktsmasker för att hjälpligt kunna klara de luftföroreningar som var så vanliga på deras tid.

Förhoppningsvis...

BILAGOR

Kan man lita på vetenskapen?

Går det att använda sig av vetenskapen – i det här fallet naturvetenskapen – som ett slags facit, dit man vänder sig för att i alla tvister och oklarheter söka det slutgiltiga svaret? Vad ska man i så fall säga om de motstridiga budskap som då och då också kommer från etablerade forskare? Och vad ska man säga om alla de fall då gammal etablerad "vetskap" visat sig vara felaktig?

Det vetenskapliga bygget

De som idag konstruerar byggnader följer instruktionerna i ett antal ritningar och om inget oförutsett inträffar kommer den färdiga byggnaden att stämma överens med ritningarna.

Naturvetenskap kan liknas vid ett gigantiskt bygge utan ritningar. Istället arbetar man efter ett otal mer eller mindre välunderbyggda antaganden om hur och var olika byggstenar ska utformas och placeras för att komma vidare i bygget, så att ännu fler delar kan fogas till de andra och så vidare. De som jobbar på detta bygge är ett stort antal människor, som var och en eller i grupper, håller på och arbetar med små delar av hela konstruktionen.

Det finns personer som har en viss överblick över mindre delar av detta gigantiska bygge, men det finns ingen som kan överblicka hela arbetsplatsen; den är alldeles för vidsträckt och oöverskådlig och det finns ju inte heller några ritningar att följa. (Just detta, att ingen har någon egentlig överblick annat över mycket begränsade delar, är kanske den största svagheten i det vetenskapliga bygget. Det innebär en uppenbar risk för att man kan missa större mönster och samband som går utöver ens specialistområde.)

På detta sätt arbetar man metodiskt med att göra byggnaden större och större samt stabilare och stabilare. Det handlar inte bara om att lägga till nya byggnadsblock utan också om att flytta eller helt riva bort otaliga gamla byggstenar, de som inte visat sig hållbara.

Till skillnad mot vanliga byggnader vet man inte vad det vetenskapliga bygget kommer att bli – annat än att det aldrig blir färdigt.

Kan man lita på vetenskapen?

Det gäller således att ha klart för sig vad som menas med vetenskap. Det är inte någon en gång för alltid fastlagd kunskapsmassa utan en ständigt pågående process – ett vetenskapande – genom vilken de kunskaper vi har hela tiden kompletteras och nyanseras med nya upptäckter, nya observationer, mer avancerade experiment, fördjupade analyser, smartare modeller, tidigare okända frågor etc. Detta sker med vad som brukar kallas *vetenskapliga metoder*. Det handlar om olika metoder, som till exempel att utifrån en hypotes dra logiska slutsatser, som sedan kan testas genom observationer, eller att man utifrån observationer drar slutsatser och utformar en teori.

Men, oavsett hur man kommer fram till sina rön är det centrala att man förklarar resultaten och de metoder som använts på ett sätt som går att kontrollera och upprepa av andra. Observationer, experiment, upptäckter, metoder, hypoteser etc ska redovisas så att andra kan granska dem, bedöma rimligheten i antaganden, analyser och slutsatser samt även kunna reproducera observationer, experiment och tester. Istället för vetenskapliga metoder vore det egentligen mer korrekt att tala om vetenskapliga redovisningar.

Därmed kan man säga att vetenskap är sådan forskning som har publicerats i och granskats av vetenskapliga tidskrifter och publikationer. I sådana skrifter publiceras bara artiklar som har genomgått en grundlig granskning. Och det är först då nya forskningsrön har publicerats som de kan kontrolleras, jämföras med tidigare rön, upprepas och testas av andra forskare. Och det är först då som de kan uppnå en viss trovärdighet.

Detta, att experiment ska kunna nagelfaras och upprepas av andra, är anledningen till att forskningsrapporter kan innehålla åtskilliga sidor med noggranna och detaljerade redovisningar av de förutsättningar, teorier och metoder som forskaren eller forskarna har använt sig av för att komma fram till det riktigt intressanta resultatet – som i slutet av publikationen kanske ryms på en enda sida. Men dessa resultat blir ju bara intressanta om de visar sig vara välgrundade och inte bara utslag av önsketänkande eller vilda fantasier. Om man ställer kravet att *vetenskap* ska vara kontrollerbar kan man följaktligen säga att den samlade gemensamma vetenskapen är densamma som innehållet i alla vetenskapliga publikationer.

Detta kan kanske framstå som ett lite märkligt påstående – men vad finns det för alternativ?

Provisorisk vetskap

Vetenskapliga upptäckter och slutsatser ska alltid vara öppna för skepsis, ifrågasättande och för andras granskning. Därför betraktas vetenskapliga teorier inte som helt säkra; de är så att säga provisoriska i väntan på mer avancerad forskning som kan bekräfta teorierna och slutsatserna eller komplettera och nyansera dem. Isaac Newtons teori om gravitationen, som han presenterade i verket *Philosophiae Naturalis Principia Mathematica* (1687), gäller fortfarande – åtminstone på sådana mer vardagliga fenomen som fallande äpplen. Men när det gäller existensens utmarker, det allra minsta och det allra största i kosmos, då räcker inte Newtons teori utan man måste ta till andra förklaringar som exempelvis Albert Einsteins allmänna relativitetsteori (1915).

Då och då händer det att teorier helt kullkastas av nya upptäckter, liksom att nya rön och teorier helt förändrar vår världsbild – som med Newtons och Einsteins teorier. Men det är sällan. Vanligen sker vetenskapliga framsteg och kunskapsbyggande i små steg, baserade på mängder av experiment och analyser, utförda av ett stort antal forskningsinstitut och enskilda forskare.

För övrigt används begreppet teori både om relativt välgrundade antaganden, som Stephen Hawkings om att svarta hål kan stråla ut energi, och om sådana insikter om vilka det egentligen inte råder några tvivel, såsom evolutionen.

Det vetenskapen säger något om är således det som kan undersökas. Frågan om det exempelvis finns någon slags gudom är något som vetenskapen inte kan ge något svar på. Det går ej att undersöka och därför tillhör religioner inte det vetenskapliga fältet.

Däremot kan man vetenskapligt granska sådant som de skapelseberättelser som finns i Bibeln och i andra religiösa urkunder. Och då står det utan minsta tvekan klart att ingen av dessa berättelser är sanna i bokstavlig mening. Världen kom inte till genom att någon ägnade sig åt skapande verksamhet under sex dagar för att vila på den sjunde. Världen kom inte heller till i form av ett ägg som sprängdes av dess inneboende krafter, Yin och Yang, och av att kroppen efter den första levande varelsen, Pangu, blev världens länder, människor etc (en kinesisk skapelsemyt).

Hedervärt vara skeptisk

Det som kommer ut av vetenskapligt arbete, resultatet av olika forskningsinsatser, är framför allt *vetande* i form av hypoteser och teorier, tolkningar och sannolikheter. Detta vetande kan beläggas och stärkas av andras forskningsresultat, av tester och experiment, av konkret erfarenhet – men förr eller senare kommer någon med nya rön som nyanserar eller komplicerar bilden och som ibland helt kullkastar den tidigare tolkningen. Detta är anledningen till varför forskare vanligen är mycket ovilliga att uttrycka sig med tvärsäkerhet; ofta reserverar man sig med formuleringar som "högst sannolikt", "praktiskt taget säkert" och dylikt – även om resultat om vilka det egentligen inte råder någon tvekan.

Nya upptäckter är ofta resultatet av att någon forskare varit skeptisk mot tidigare upptäckter eller etablerade tolkningar. Man kan till och med påstå att det till stor del är skeptiker och oliktänkare som driver vetenskapen framåt. Det är således hedervärt att vara skeptisk och det är extra hedervärt att vara en skeptisk forskare, som inte med självklarhet ansluter sig till etablerade uppfattningar. Var hade vi varit idag utan alla vetenskapsmän, uppfinnare, filosofer, författare, konstnärer med flera som vågat gå mot strömmen?

Det innebär däremot inte att varje skeptiker är en potentiell Galilei… (italienaren Galileo Galilei, 1564–1642, kämpade förgäves mot katolska kyrkans dogm att jorden var universums centrum). Det finns "skeptiker" som ifrågasätter allt. Men att till exempel ifrågasätta att jorden är rund är bara tramsigt. Varje påstående om att jorden skulle vara platt kan avfärdas på grund av dess orimlighet och vår samlade erfarenhet.

Detsamma gäller vissa samband rörande klimatet. Att högre halter av koldioxid i atmosfären förstärker växthuseffekten är ett exempel på ett samband som sedan länge är säkert belagt. Att ifrågasätta det sambandet är bara slöseri med tid och trycksvärta. Däremot rådet det osäkerhet om exakt hur starkt detta samband i praktiken kommer att slå igenom i form av en ökad global medeltemperatur. Därför att det involverar ett antal så kallade återkopplingar och andra samband som är kända men vilkas sammanlagda effekter är svårare att bedöma. Dessutom kan det finnas samband som vi ännu inte känner till.

När ska man då vara skeptisk?

Skeptisism är således en oundgänglig del i det vetenskapliga bygget. Se till exempel upp med osannolika påståenden. Olika forskare är säkerligen inte helt eniga om exakt hur farlig tobaksrökning är – men finns det någon rimlig anledning att inbilla sig att flera år av daglig inandning av tobaksrök inte skulle ha någon som helst effekt? Likaså, är det någon som på allvar tror att de omfattande utsläppen av koldioxid från världens industrier och transporter inte skulle få några konsekvenser alls?

Vad man särskilt måste se upp med är om rapporter från forskare och institutet möjligen kan vara styrda av annat än ambitionen att komma fram till *sanningen*. Det händer till exempel att forskare brustit i det metodiska arbetet och låtit önsketänkande styra tolkningen av resultaten (vilket till exempel skett ett antal gånger inom det omfattande forskarnätverk som utgör IPCC, Intergovernmental Panel on Climate Change). I sådana fall brukar andra forskare, förr eller senare, kunna avslöja de överdrivna eller helt felaktiga slutsatserna – men tills dess kan dessa "glädjeresultat" framstå som "sanningar". Det kan handla om förutfattade tolkningar som man vill få bekräftade. Det kan också handla om prestige, om ambitionen att komma först med en banbrytande upptäckt. Sådant skänker inte bara berömmelse utan ofta också mer pengar till fortsatt forskning – och i förlängningen kanske ett nobelpris.

En annan orsak kan vara finansiella intressen. Därför bör man framför allt se upp med vem som finansierat och därmed kunnat påverka forskningen. Är det till exempel tobaksindustrin som står bakom en rapport som påstår att rökning inte är så farlig som det sägs? Kan det vara läskedrycksföretag som finansierat en studie som kommit fram till att det inte finns något samband mellan sockerintag och fetma? Kan oljeindustrin möjligen ligga bakom forskare som vill bagatellisera den globala uppvärmningen?

Vad man också bör vara särskilt uppmärksam på är rapporter och nyheter från så kallade tankesmedjor, *think tanks*. Sådana är ofta grundade av företag och stiftelser som har starka ekonomiska eller ideologiska intressen att bevaka, medan de gärna framställer sig själva som oberoende forskningsinstitut. De rapporter som dessa tankesmedjor själva publicerar har således inte genomgått den granskning som exempelvis etablerade vetenskapliga tidskrifter gör innan de publicear artiklar. Oreskes och Conways bok – s. 70 – fick exempelvis en del kritik, inte minst från företrädare för den amerikanska tankesmedjan George C. Marshall Institute (1984–2015) – som finansierades av bland andra bil- och oljeföretag såsom ExxonMobil.

Som lekman är det emellertid inte alltid så lätt att kontrollera vem som betalar pågående forskning eller om enskilda forskare har privata intressen i de branscher som berörs (aktier, styrelseposter, politiska uppdrag, släktförbindelser...). Det är inte heller så ofta man som vanlig medborgare läser forskningsrapporter. Vad man istället har att hålla sig till är vad som påstås i TV och radio, skrivs i tidningar, böcker och på internet samt vad andra personer säger sig veta (se bilagan *Källkritik – kan man lita på det man ser, hör och läser?* på s. 83).

Källkritik – kan man lita på det man ser, hör och läser?

Hur vet man om man kan lita på det som påstås i TV och radio, skrivs i tidningar, böcker och på internet samt även det man hör i bekantskapskretsen? Det finns några frågor att beakta: Vad är det för slags medier eller källor? Vem eller vilka står bakom? Är det fråga om fakta, förklaringar eller åsikter? Hur bedöma innehållet?

Vad är det för slags medier eller källor?

Det är skillnad på olika slags medier eller informationskällor. Vissa skillnader är uppenbara:

Massmedia (tidningar, radio och TV) produceras vanligen under tidspress. Ofta har skribenten, filmaren etc bara några timmar till förfogande. Resultatet blir en produkt som ofta fungerar som färskvara, som ingen är intresserad av dagen därpå. Vecko- och månadstidskrifter har längre produktionstid och livslängd.

Böcker har en annan karaktär än massmedia. Författare har gått om tid att skriva, kanske flera år, och böcker kan säljas och läsas under kanske lika lång tid eller längre. Men ju längre tiden går desto större blir det tidsmässiga avståndet till det som boken skildrar.

Webbplatser har till skillnad från gamla massmedia lång varaktighet, hur lång vet vi ej, och till skillnad från böcker kan de uppdateras hur ofta som helst. Vilket ställer speciella krav på den som använder internet som informationskälla. Om man till exempel citerar en artikel på Wikipedia kan det visa sig att

KÄLLKRITIK

den citerade texten nästa dag blir korrigerad av någon som anser sig veta bättre (därför viktigt vid källhänvisningar att inte bara ange webbplatsen utan även den dag man kollade den).

En annan skillnad är att redaktioner och förlag har redaktörer, redigerare och fackgranskare – med möjlighet att stoppa de värsta galenskaper från att spridas (även om många bokförlag idag tycks lägga för lite resurser på manusgranskning). Vem som helst kan däremot skapa sin egen hemsida eller blogg och publicera vad som helst eller sprida vilka tokigheter som helst på sociala medier.

Vem eller vilka står bakom?

Vem äger eller kontrollerar tidskriften, förlaget etc? Är det en myndighet, ett universitet, ett forskningsinstitut, ett mediaföretag, en organisation eller en enskild person? Vilka intressen har ägaren – tjäna pengar, propagera, dramatisera, underhålla, dölja...? Det har betydelse både för hur man presenterar en nyhet eller ett problemområde och för vad man väljer att presentera.

Ägaren är inte oviktig. Svenska dagstidningar har vanligen en redovisad partipolitisk preferens; andra mediers preferenser kanske inte är lika tydliga. De stora förlagen i Sverige ger ut många olika slags böcker. Mindre förlag är däremot ofta specialiserade och kan ha en mer eller mindre tydlig ideologi eller målsättning, utöver att få ekonomin att gå ihop. Det är exempelvis skillnad på Ordfront och Timbro.

Vem är författaren och vilken bakgrund har denne? Med vilken auktoritet uttalar sig författaren om ämnet/området? Vill du veta vem som skrivit en viss bok? På libris.kb.se kan man få upplysning om författaren skrivit andra böcker i ämnet. Är du osäker på om författaren är seriös – sök på personen på

KÄLLKRITIK

internet och se vad man kan få fram. Många böcker recenseras dessutom i media, gäller det den du är nyfiken på?

Det är enklare att ta reda på ägare av välkända tidningar och förlag, men när det gäller webbplatser är det knepigare:

Vem står bakom webbplatsen? En myndighet, ett universitet, en organisation, en privatperson...? Är du osäker på en webbplats kan du kolla vem som äger den genom att göra en så kallad domänsökning (whois-sökning). Då kan man få reda på vem som har registrerat webbplatsen. På www.iis.se finns registret över alla webb-adresser som slutar på .se. På who.is eller all-whois.com kan man söka efter alla världens webbplatser (men det går inte alltid att få fram upplysningar).

En bra källa har alltid en tydlig avsändare med kontaktuppgifter. Men en webbplats kan också vara förfalskad och utse sig för att vara en annan än den är. Det har varit många fall på internet då någon har skapat en falsk webbplats, som ser identisk ut som den äkta, men där visst innehåll eller vissa funktioner ändrats. Det har handlat om förfalskade webbplatser för banker där syftet är att lura av kunderna deras kontonummer och lösenord. Det har också handlat om att attackera en viss organisation genom att skapa en falsk webbplats och smyga in information som helt går emot organisationens idé och policy.

Wikipedia är värt några särskilda ord. Det är ett fantastiskt levande uppslagsverk på internet, med mängder av upphovsmän och upphovskvinnor. Idén att alla, eller vem som helst, ska kunna bidra med egna kunskaper är genial. Men "vem som helst" innebär att även de som har andra syften än att upplysa sina medmänniskor har möjlighet att använda Wikipedia som medel för att manipulera, propagera och ljuga. Vilket innebär att uppgifter ska hanteras med försiktighet, särskilt uppgifter i kontroversiella frågor (som alltid bör kontrolleras mot flera källor). Är man medveten om detta är Wikipedia mycket användbart.

KÄLLKRITIK

Kom ihåg sadelmakaren, han som apropå tidningar sa att de skriver så mycket som är intressant att läsa, men ...*det märkliga är att så fort de skriver om sadelmakeri då blir det fel.*

Är det fråga om fakta, förklaringar eller åsikter?

Artiklar, TV- eller radio-inslag etc innehåller vanligen olika typer av information: fakta, förklaringar, åsikter...

Fakta kan man säga är bevisbara påståenden – vilket inte nödvändigtvis innebär att alla faktauppgifter är enkla att bevisa eller motbevisa. Vissa faktauppgifter är osäkra helt enkelt därför att vi saknar tillförlitligt underlag.

Förklaringar eller tolkningar kräver ofta en hel del insikter för att man ska kunna bedöma dem. Ofta kan man hitta fler än en förklaring till ett skeende. Vilka är rimliga? Är andra förklaringar möjliga eller sannolika?

Åsikter kan bildas på grundval av fakta och förklaringar. Men redan etablerade åsikter, fördomar, kan också styra hur man tar till sig ny information. Åsikter behöver inte heller ha särskilt mycket med kända fakta och förklaringar att göra. Någon kan ha begränsade kunskaper om vad som påverkar klimatet, men ändå ha bestämda åsikter om klimatet förändras eller ej och om vad som i så fall kan vara orsaken.

Ofta gäller att ju bestämdare åsikter man har, desto mindre roll spelar nya faktauppgifter och förklaringar. Den som är fullkomligt övertygad om att människans aktiviteter inte påverkar klimatet ändrar knappast mening bara för att ytterligare en forskningsrapport visar ett sådant samband.

Hur bedöma innehållet?

Hur kan man bedöma själva sakinnehållet i en artikel, ett TV-program eller en webbplats?

KÄLLKRITIK

Källorna? Vilka är de ursprungliga källorna till vad som framförs i TV:n, tidskriften, webbplatsen...? Redovisas de så man kan kontrollera att fakta etc är korrekt återgivna?

Vilken typ av källor är det? Kommer de möjligen från företag som har egna intressen i frågan? Kom ihåg att privata forskningsinstitut och tankesmedjor kan ha egna agendor. Vilka är exempelvis finansiärerna? Offentliga universitet och vetenskapliga institutioner bör vara oberoende, men även de kan ha privata finansiärer eller donatorer.

Hänvisas till forskningsrapporter? Har de publicerats i etablerade vetenskapliga tidskrifter och därmed utsatts för granskning?

Kommer uppgifterna i det du läser, tittar eller lyssnar på från en primär källa eller från en sekundär? En primär källa är en person som berättar om vad hon eller han har upplevt – till skillnad mot en sekundär källa, som kan vara en person som berättar om något som någon annan upplevt. En primär källa anses ofta vara mer tillförlitlig, men det behöver inte vara så. En primär källa kan exempelvis redovisa vad han sett, hört etc när han befunnit sig på den ena sidan i en strid. En sekundär källa var kanske inte alls där, men hon har å andra sidan kanske pratat med flera primära källor på båda sidor av konflikten.

Citat? Författare refererar ofta till böcker och artiklar och citerar vad andra skrivit. Om du tvivlar på referaten och citaten är korrekta, gå då till källorna och kolla (många dokument finns tillgängliga på internet). Var särskilt uppmärksam på ofullständiga citat, det vill säga där författaren visserligen återgett en mening eller ett stycke korrekt, men där innebörden av det citerade kanske blir annorlunda om man även läser texten före och efter det citerade stycket.

Aktualitet? Hur aktuell är informationen? Information åldras snabbt inom vissa områden. När är texten skriven/publicerad? Det kan finnas olika versioner eller upplagor av en text, och det

KÄLLKRITIK

kan ha betydelse vilken av dessa versioner man använder sig av.

När uppdaterades webbplatsen senast? Finns information? På internet finns det gott om gamla övergivna webbplatser som inte längre uppdateras. Om det saknas uppgift om senaste uppdatering kan man testa de länkar som eventuellt finns på sidan; om flera av dem inte fungerar har sidan förmodligen inte uppdaterats på länge.

Propaganda? Söker du information på en webbplats som tillhör en auktoritär regim, ett politiskt parti, ett företag etc då bör du vara klar över att ägaren har ett starkt intresse av att framställa sig själv i så god dager som möjligt. Sådana webbplatser kan fortfarande ge värdefull information, men man bör vara extra vaksam när det gäller de förklaringar och slutsatser som presenteras – samt särskilt uppmärksam på vad som inte avhandlas.

Sammanhang? En faktauppgift kan ge en helt annan bild av verkligheten beroende på om man känner till det större sammanhanget eller ej. Kina släpper till exempel numera ut mer koldioxid i atmosfären än något annat land. Å andra sidan släpper Kina ut betydligt mindre koldioxid per person än exempelvis USA, bara ungefär en tredjedel. Samtidigt har en stor del av de företag, som producerar varor för amerikanska och europeiska konsumenter, och som tidigare hade sina fabriker i USA och Europa, numera flyttat tillverkningen – och medföljande koldioxidutsläpp – till Kina.

Nyheter? Vanliga icke-sensationella nyheter är ofta relativt väl återgivna i större tidningar i Sverige, även om olika media kan presentera en och samma nyhet på olika sätt. Däremot har nyhetsrapporteringar den svagheten att de vanligen inte ger utrymme för någon nämnvärd bakgrundsinformation, fördjupning eller nyansering. Detta gäller speciellt TV, vilket innebär att snabba nyheter inte nödvändigtvis blir särskilt

KÄLLKRITIK

klargörande för dem som saknar tillräckligt med bakgrundskunskap.

Till sist, det gäller också att vara skeptisk mot vad personer i ens omgivning påstår...

Lästips

Här begränsar jag mig till att enbart tipsa om ett urval av nyare litteratur på svenska. Vill du veta mer kan du hitta artiklar med mera på internet plus gott om referenser till annan litteratur i följande böcker (av vilka några fritt kan laddas ner som pdf-filer):

Eva Alfredsson & Mikael Karlsson: *Klimatpolitik under osäkerhet – Kostnader och nyttor – bevis och beslut* (2016). En rapport om kunskapsläget avseende kostnader och nyttor av klimatpolitiska åtgärder (www.kth.se/polopoly_fs/1.654287!/Alfredsson%20%26%20Karlsson%20(2016)%20Klimatpolitik%20under%20osäkerhet.pdf).

Jörgen Bogren, Torbjörn Gustavsson, Göran Loman: *Klimatförändringar – Naturliga och antropogena orsaker* (2014). En bok om de mekanismer som styr klimatet, om vilka som kan anses vara naturliga och vilka som är antropogena, dvs ett resultat av mänsklig påverkan.

Karin Branteström & Lotta Fredholm (red.): *Kan vi tackla det nya klimatet?* (2015). En antologi med knappt tjugo bidrag och med fokus på vetenskapligt förankrade lösningar, för både omställning och anpassning (www.formas.se/Om-Formas/Formas-Publikationer/Pocketbocker-Formas-fokuserar/Kan-vi-tackla-det-nya-klimatet/).

David Jonstad: *Vår beskärda del – en lösning på klimatkrisen* (2009). Författaren argumenterar framför allt för en ransonering av koldioxidutsläppen per medborgare (individuella utsläppsrättigheter), enligt principen lika för alla, och beskriver bland annat hur det skulle kunna fungera i praktiken.

Naomi Klein: *Det här förändrar allt – kapitalismen kontra klimatet* (2015). I den här boken på ca 650 sidor försöker författaren förstå varför så lite görs för att hindra en potentiell klimatkatastrof.

Staffan Laestadius: *Klimatet och välfärden – mot en ny svensk modell* (2013). Laestadius, professor i industriell utveckling, skriver om vårt beroende av fossila bränslen och om varför alla länder måste gå igenom en radikal omvandling under detta århundrade.

Johan Rockström & Mattias Klum: *Big World Small Planet – Välfärd inom planetens gränser* (2015). Rockström, professor i miljövetenskap, och Klum, fotograf, skriver om "…den största utmaningen i mänsklighetens historia – en transformation till en hållbar värld".

Veronica Stoehrel: *Klimatförändringar och den mänskliga civilisationen – ett holistiskt perspektiv* (2013). Stoehrel, professor i medie- och kommunikationsvetenskap, forskar och undervisar framför allt i klimatförändringar.

László Szombatfalvy: *Vår tids största utmaningar* (2010). Författaren skriver om några megaproblem som klimatförändringen, inte minst utifrån ett riskperspektiv: "Världssamfundet står inför mycket stora utmaningar, större än någonsin tidigare. Riskerna i situationen är underskattade på grund av dålig eller obefintlig riskanalys" (http://ebockersvarld.com/ebok/29157/var-tids-storsta-utmaningar).

Register med ordförklaringar

albedo-effekten, jordytans förmåga att reflektera solljus: 27, 38

Amazonas: 10, 51, 52

Antarktis, land- och havsområdena kring Sydpolen: 30, 35, 49, 50

Arktis, havsområdet runt Nordpolen: 9, 29, 38–40, 46, 48, 51

antropogen, effekt orsakad av mänsklig aktivitet: 31, 37, 48, 68

asteroid, en mindre himlakropp i omloppsbana kring solen: 16, 19, 48, 67,

atmosfären, de gaser som omger jorden (eller andra himlakroppar): 9, 10, 15, 16, 19, 22, 23, 25–29, 31–33, 37, 38, 40–42, 44, 46–48, 50–52, 59, 62–65, 68, 71, 79, 88

bekvämlighetsflagg, registrering av ett fartyg i ett land med låga kostnader och begränsad kontroll av säkerhet etc: 38, 48

biobränslen är producerade av levande organismer och kan vara antingen oförädlade såsom ved eller förädlade såsom biodiesel: 58, 59, 62

brytpunkt (se tipping point).

CCS (Carbon Capture and Storage) kolinfångning och kollagring, koldeponering: 64,

dikväveoxid (N2O) eller s.k. lustgas, en kraftig växthusgas: 25, 37, 65

fluororerade gaser består av bl.a. fluor och skadar ozonskiktet om de når upp till stratosfären: 93

REGISTER MED ORDFÖRKLARINGAR

fossila bränslen (kol, olja och naturgas) har bildats under äldre geologiska perioder: 11–13, 26, 31, 41–45, 47, 48, 55, 56, 63, 64, 68, 70

fotosyntes eller kolsyreassimilation, den process genom vilken levande organismer lagrar energi från solen i kemiska bindningar: 16, 25

futurologiska lösningar, tänkbara framtidslösningar: 62, 63

Förenta Nationernas klimatpanel (se IPCC).

genteknik eller genteknologi, ingrepp i arvsmassan hos levande organismer: 62

geo-engineering, storskalig manipulation av klimatsystemet: 62

geotermisk energi är lagrad energi ytligare i mark från solinstrålning eller på större djup från jordens inre värmeenergi: 60

glaciär: 9, 12, 18, 39, 40, 47, 49, 50, 68

Golfströmmen: 29, 30, 39, 52

Grönland: 9, 17, 18, 29, 30, 35, 39, 49, 51, 52, 70

Himalaya: 9, 20, 49

IPCC, Förenta Nationernas klimatpanel (Intergovernmental Panel on Climate Change): 28, 32–34, 36, 37, 39, 80

istid: 11, 12, 16–18, 21, 40, 42,

jordvärme (se geotermisk energi).

Klimatkonventionen, Förenta Nationernas ramkonvention om klimatförändringar, som gäller sedan 1994: 33

klimatkänslighet, ett mått på hur starkt klimatet reagerar på ett tillskott i atmosfären av en viss mängd koldioxid: 27, 28, 69

Klimatpanelen (se IPCC).

kol är ett antal bränslen i fast form, som stenkol och brunkol (men också grundämnet kol, C, som utgör huvuddelen av innehållet i kolbränslen): 11, 26, 29, 31, 41, 42, 44, 45, 63, 72

REGISTER MED ORDFÖRKLARINGAR

koldeponering (se CCS).

koldioxid (CO_2) är i lagom mängder en förutsättning för livet på jorden men fungerar också som växthusgas: 22 23, 25–28, 30–33, 37, 42, 44–48, 52, 57, 60–62, 64–66, 68, 69, 79, 80, 88

kontinentalförskjutning eller kontinentaldrift, förflyttningen av jordens kontinentalplattor i förhållande till varandra (platttektonik): 19, 20, 46

kärnkraft: 45, 60, 61

Lilla istiden anses ha varat från omkring år 1350 till omkring 1850, då medeltemperaturen beräknas ha varit som mest en grad kallare än under 1900-talet: 17, 18, 42

metan (CH_4), en kraftfull växthusgas: 9, 16, 25, 26, 29, 31, 37, 45, 46, 51, 52

metanhydrater, lager av kol bundet i bl.a. havsbotten under Arktis: 29, 45, 46, 51

Milankovic-cykler innebär att jordens avstånd och lutning i förhållande till solen varierar enligt bestämda tidsperioder: 21

naturgas eller jordgas, en blandning av främst metan och andra gaser som finns i fickor i jordskorpan: 11, 26, 31, 41, 42, 44, 45, 57

olja (råolja, petroleum, mineralolja, bergolja), en blandning av kolväten, som bildas av växter och djur som inte förmultnat: 11, 26, 31, 41, 42, 44, 45, 48, 57, 63

ozonskiktet, ett lager av ozon i jordens stratosfär som skärmar av skadlig ultraviolett strålning (UV) från solen: 26

Paris-mötet, ett möte 30 nov.–11 dec. 2015 inom ramen för Klimatkonventionen, då man enades om ett nytt globalt klimatavtal som ska gälla från år 2020: 10, 55

permafrost, ständig tjäle, i bland annat norra Sibirien: 29, 45

REGISTER MED ORDFÖRKLARINGAR

regnskog, tropisk skog med med minst 1500 millimeters årlig nederbörd under minst nio månader: 10, 51, 52, 60

riskvärdering eller *riskbedömning*: 53, 69

skogsavverkning: 64

solkraft, solenergi, solkraftverk: 56–58, 61–63, 71

stratosfär, en del av jordens atmosfär: 26

supervulkan, en vulkan som under en enstaka eruption slungar ut mer än 1 000 kubikkilometer materia (sådana utbrott är sållsynta, det senast kända är Toba i nuvarande Indonesien för ca 75 000 år sedan): 19, 48, 67

tipping point, en liten förändring som leder till en annan större förändring: 12, 29, 30, 33, 55, 68, 69, 71

utsläppsrätter ger innehavaren rätt att släppa ut en viss mängd koldioxid (det totala antalet utsläppsrätter är begränsat men kan köpas och säljas): 64

vattenkraft: 58

vattenånga: 22, 26, 28, 32

vindkraft: 45. 58, 59, 62, 71

vulkaner, *vulkanutbrott*: 19, 22, 48, 60, 67

vågkraft: 59

Västantarktiska isen, en del av Antarktis: 9, 30, 50, 70

växthuseffekten: 25–34, 37, 65, 68, 79

växthusgaser (koldioxid, metan, dikväveoxid m.fl.): 9, 10, 13, 23, 25, 26, 28, 29, 31, 33, 37, 40, 42, 43, 45, 46, 48, 52, 55, 59, 63, 65, 66, 68, 71

återkoppling, en viss förändringen påverkar en annan faktor, som i sin tur antingen förstärker eller försvagar den ursprungli-ga förändringen: 27, 28, 31, 69, 79

www.ingramcontent.com/pod-product-compliance
Lightning Source LLC
Chambersburg PA
CBHW070308230526
45470CB00002B/785